# 브레인 3.0

### 뇌공학자가 그리는 뇌의 미래

# 브레인 3.0

## 뇌공학자가 그리는 뇌의 미래

임창환 지음

**MID**

프롤로그

2020년 8월 28일, 개강을 앞두고 정신없는 한 주를 보낸 저는 토요일 아침 늦잠을 청해야 했지만 이른 아침인 6시 50분에 휴대폰 알람을 맞췄습니다. 3일 전인 8월 25일, 세계에서 가장 유명한 혁신가인 일론 머스크<sup>Elon Musk</sup>가 올린 트윗 하나 때문이었습니다. 군더더기 하나 없이 "태평양 표준시 금요일 오후 3시 뉴럴링크<sup>Neuralink</sup> 디바이스가 작동하는 모습을 라이브로 중계함"이라고 적힌 짧은 트윗이었습니다. 일론 머스크가 2017년 설립한 뇌공학 스타트업 기업인 뉴럴링크는 그간 인간의 뇌와 AI를 연결하겠다는 원대한 포부를 밝혀왔지만 실제로 작동하는 장치를 보여준 적은 없었습니다. 전날에 마신 커피 한 잔 때문인지 아니면 일론 머스크가 보여줄 새로운 혁신이 기대돼서인지는 모르지만 저는 쉽게 잠에 들 수가 없었습니다.

시끄러운 알람 소리에 잠을 깬 저는 졸린 눈을 비비며 휴대폰부터 집어 듭니다. 그리고 접속한 뉴럴링크 홈페이지에는 전날까지만 해도 없던 링크 버튼이 하나 달려 있습니다. "We're looking forward to seeing you soon(여러분을 곧 만나기를 고대합니다)." 이 짧은 말 이외에는 어떤 설명도 없습니다. '라이브스트림 보기'라고 적힌 버튼을 클릭하니 유튜브 라이브 스트리밍 페이지로 연결됩니다.

정말이지 일론 머스크답습니다. 단출하면서도 깔끔합니다. 대대적인 광고도 없었고 언론에 미리 기사를 흘리지도 않았습니다. 딱 저와 같은 '머스크 마니아'를 위한 쇼입니다. 7시가 되지 않았음에도 이미 전 세계의 머스크 팬 8만 명이 접속해서 머스크의 등장을 기다리고 있습니다. 몇 시간만 지나면 요약 기사가 쏟아질 텐데, 그리고 녹화 영상도 아무 때나 볼 수 있을 텐데…. 아마 모두들 저처럼 뇌공학의 역사에 길이 남을 순간을 라이브로 지켜보고 싶은 마음이었을 겁니다.

스트리밍이 시작하기도 전에 이미 '좋아요' 엄지손가락이 1만 3천 번 눌러졌습니다. 그런데 시간이 지나도 라이브 중계는 시작될 줄을 모릅니다. '혹시 네트워크에 문제가 있나?' 새로고침 버튼을 여러 번 눌러도 그대로입니다. 10분, 20분, 30분이 지나도 라이브스트림은 시작되지 않습니다. 스트리밍이 시작되지 않았음에도 대기자는 점점 늘어나서 이미 10만 명을 돌파했습니다. 검은 화면밖에 없지만 좋아요 클릭 수는 이미 1만 7천 회를 돌파했습니다.

'아! 나의 소중한 꿀잠은…' 인내심에 한계를 느끼기 시작하며 기다림의 시간이 40분을 넘어서는 순간, 화면 중앙에 뉴럴링크의 로고가 조그맣게 뜹니다. '드디어 시작이구나…' 늘 입던 남색 재킷에 말쑥하게 청바지를 차려입은 일론 머스크가 화면에 등장합니다. 쇼가 시작되고 정신없이 한 시간이 흘러갑니다.

일론 머스크는 이날 '링크Link'라는 이름의 뇌-컴퓨터 접속 장치를 전 세계에 발표했습니다. 동전 크기의 작은 디바이스를 두개골 아래에 이식하고 1,024개의 실 모양 전극을 로봇을 이용해서 뇌에 심어 넣겠다는 것입니다. 수술에 필요한 시간은 딱 1시간, 전신 마취도 필요

2020년 8월 28일 일론 머스크가 진행한 뉴럴링크 라이브스트림

없고 수술한 당일에 퇴원이 가능합니다. 일론 머스크는 심지어 이 수술 과정을 '라식 수술'에 비유했습니다. 그만큼 쉽고 안전하다는 것을 강조한 것입니다.

물론 신체에 이식된 링크의 모든 데이터는 무선으로 주고받을 수 있고 밤에 자고 있는 동안 무선으로 충전이 가능합니다. 심지어는 스마트폰처럼 소프트웨어를 자동으로 업데이트하는 것도 계획하고 있다고 합니다. 게다가 돼지의 뇌에 링크를 삽입하여 컴퓨터와 연결하는 데까지 성공했다고 합니다. 머스크는 링크를 이식한 돼지가 킁킁거릴 때마다 측정된 뇌의 신호(이른바 '뇌의 목소리')를 스피커로 재생하기도 했습니다. 이날의 발표를 한마디로 요약하자면 뇌와 컴퓨터, 더 나아가 뇌와 인공지능을 결합할 수 있는 채널이 완성됐다

는 것입니다. 머스크는 이른 시일 내에 사람을 대상으로
이 장치를 시험하겠다는 멘트를 마지막으로 1시간에 걸
친 발표를 마무리합니다. '좋아요'는 이미 3만 5천 회를
넘어섰습니다.

사실 뉴럴링크와 유사한 분야를 연구하는 뇌공학
자의 한 사람으로서 뉴럴링크의 거침없는 질주에 질투심
과 경쟁의식을 느껴야 마땅한데 저는 어느 순간부터 뉴
럴링크를 응원하는 마니아 중 한 명이 되었습니다. 사실
머스크가 발표한 뉴럴링크 디바이스는 제가 몇 년 전에
쓴 책 『바이오닉맨』에도 그 개념이 소개돼 있습니다. 문
제는 그동안 이런 엄청난 규모의 프로젝트를 실제로 추
진할 만한 추진력과 자금력이 없었다는 거죠. 일론 머스
크의 '스페이스엑스Space X'가 미항공우주국NASA보다 더
빨리 화성에 유인 우주선을 날려 보내려는 것과 같은 상
황입니다. 일론 머스크의 도전은 인간의 뇌와 인공지능을
연결하려는 뇌공학자들의 꿈을 크게 앞당길 수 있을 것
으로 기대됩니다. 뇌공학에 대한 대중의 관심을 불러일으
키는 것은 덤이죠.

제가 2015년과 2017년에 각각 『뇌를 바꾼 공학,
공학을 바꾼 뇌』와 『바이오닉맨』을 펴낸 이후에도 뉴럴
링크의 사례에서처럼 뇌공학 분야에 많은 변화와 혁신이

있었습니다. 제 책을 사랑해 주시는 분들이 많아지면서 다양한 분들을 만나 강연을 할 기회를 가지게 됐고, 강연에서는 최대한 뇌공학과 인공지능 분야의 최신 트렌드를 반영하고자 노력했습니다. 하지만 이미 출간한 책에 그 변화를 담지 못해 늘 안타까운 마음이 있었습니다.

기존 책의 개정증보판의 출간이냐 신간의 출간이냐를 고민하던 차에 강연을 다니면서 받은 많은 질문들 중에 재미있었던 것들을 스마트폰 메모 앱에 정리해 두었다는 사실이 떠올랐습니다. 결국 '재미난 질문들에 대한 답변을 하면서 뇌공학 분야의 최신 성과를 알려드릴 수 있겠구나'라는 생각에 이르게 됐죠.

2017년부터 2019년까지 3년간 제가 진행했던 백여 개의 강연이 이 책의 바탕이 되었습니다. 또한 호기심 넘치는 청중들이 던진, 중요하면서도 흥미로운 질문에 대한 응답이 담겨 있습니다. 강연의 구성을 닮은 이 책은 총 3부로 구성돼 있습니다. 1부인 '브레인 1.0'에서는 경이로운 인간의 뇌에 대해 소개합니다. 2부인 '브레인 2.0'에서는 인간이 만든 '또 하나의 뇌'인 인공지능의 발전에 대해 알아봅니다. 마지막으로 3부인 '브레인 3.0'에서는 뇌공학을 바탕으로 인간이 가진 자연지능과 인간이 만든 인공지능을 결합하는 기술에 대해 소개합니다. 마지막으로 인공지능과 뇌공학이 바꿀 우리의 미래를 함께 상상하는 시간을 가지겠습니다.

저는 개인적으로 『뇌를 바꾼 공학, 공학을 바꾼 뇌』를 출간할 당시부터 뇌공학과 생체공학을 소개하는 세 권의 시리즈 책을 집필하겠노라 마음을 먹었습니다. 이번 책은 『뇌를 바꾼 공학, 공학을 바꾼 뇌』, 『바이오닉 맨』을 잇는 3부작 시리즈의 마지막 편입니다. 뇌공학의 최신 업데이트를 담다 보니 원활한 설명을 위해서 기존 책에 실렸던 일부 사례들이 중복되어 제시된 경우가 있습니다. 이번 책을 읽는 것만으로도 중요 개념들을 충분히 이해하실 수 있었으면 해서였습니다. 이점은 독자 분들께 양해를 구합니다. 기존 책에 제시되었던 내용들은 본 책에서는 대부분 간략하게 소개만 되어 있기 때문에 보다 자세한 내용은 시리즈의 다른 두 권의 책을 참고하시면 좋겠습니다. 그리고 여러분들이 제 책을 읽으시면서 갖게 되신 흥미로운 질문들을 제게 메일로 보내 주시면 제가 다음 책을 기획하는 데 큰 도움이 될 것 같습니다. 도움이 된 질문을 보내주신 분들은 따로 선정하여 제 사인이 담긴 책을 선물로 보내 드리겠습니다.

마지막으로 5년 동안 세 권의 뇌공학 도서 시리즈를 기획하고 출판할 수 있게 도움을 주신 MID 출판사의 최성훈 대표님을 비롯하여 김동출 박사님, 최종현 팀장님, 이휘주 대리님께 감사 말씀 드립니다.

지금부터 인공지능과 뇌공학이 바꿀 인류의 미래로 여러분을 초대합니다.

# 목차

# 제1부

## 브레인 1.0, 경이로운 인간의 뇌

# 제2부

## 브레인 2.0, 다른 두뇌의 가능성, 인공지능

Brain-AI Interfaces

# 제3부

## 브레인 3.0, 결합두뇌와 인공두뇌

제1부

# 브레인 1.0,
# 경이로운 인간의 뇌

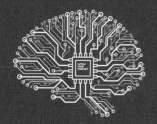

# Brain-AI Interfaces

# 세상에서 가장 효율적인 컴퓨터

저는 뇌공학을 공부하고 가르치는 뇌공학자입니다. 익숙한 학문이 아니라 조금 더 설명을 하는 편이 좋겠군요. 사실 '뇌공학'이라는 말을 어디서 들어봤다 싶은 분들의 절반 정도는 아마 '뇌과학'을 떠올리고 계실 것 같습니다. 뇌과학자가 '우리 뇌는 어떤 원리로 작동할까'라는 의문을 해결하기 위해 끙끙댄다면, 저 같은 뇌공학자는 '어떻게 하면 우리 뇌를 바꿀 수 있을까'라는 문제로 골머리를 앓고 있는 사람이라고 할 수 있죠. 뇌공학이든 뇌과학이든 우리의 머릿속 문제를 해결하기 위해 머리를 싸매고 있다는 점에서는 같다고 할 수 있겠습니다.

그렇다면 뇌공학자와 뇌과학자를 괴롭히는, 이 문제의 핵심인 '뇌'는 어떤 물체일까요? 이 강연을 듣는 여러분은 스스로에게 이렇게 되물어 본 적이 있을 것입니다. '난 왜 이렇게 머리가 나쁠까?' 일이 잘 안 풀릴 때, 너무 쉬운 일도 제대로 처리하지 못했을 때, 그리고 어이없는 실수를 저질렀을 때 하는 자책 같은 것이죠. 이렇듯 우리는 머리, 즉 두뇌를 괜히 탓하기도 하고 뇌의 기능에 대해 아쉬운 소리를 할 때도 있지만, 기본적으로 모든 인간의 뇌는 경이롭고 신비하며, 그 성능의 우수함에 있어서도 비견할 대상이 거의 없는, 대단한 존재입니다. 첫 번째 시간엔 인간의 뇌라는 대단한 존재에 대해 함께 알아보도록 하겠습니다.

그럼 우선 눈에 보이는 뇌의 스펙에 대해서 알아볼까요? 우리 인간의 뇌는 평균적으로 약 1.4kg의 무게를 가집니다. 성인 몸무게의 2%에 불과하죠. 사람의 뇌는 밖에서 보면 옅은 분홍빛을 띠지만 단면을 잘라보면 흰색 부분과 회색 부분이 선명하게 구분이 됩니다(각각 백질과 회백질이라고 합니다). 우리가 흔히 '뇌'하면 떠올리는, 주름이 많이 져 있고 뇌의 대부분을 차지하는 대뇌cerebrum는 얼핏 보면 호두와 비슷하게 생겼습니다. 여러분도 잘 알다시피 대뇌는 좌반구와 우반구로 나뉘어져 있고 그 둘은 뇌량Corpus callosum이라는 구조를 통해 연결돼 있죠. 대뇌 아래에는 소뇌cerebellum와 뇌간brain stem이 붙어 있고 뇌에서 뻗어 나오는 신경섬유의 다발은 머리끝에서 발끝까지 온몸 구석구석 미치지 않는 곳이 없습니다. 그래서 우리는 손가락 끝에 작은 가시가 하나 박혀도 통증을 느낄 수가 있죠.

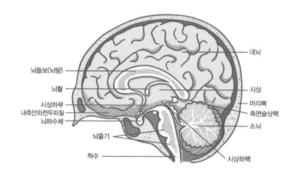

뇌의 중앙종단면. 뇌는 대뇌, 소뇌, 뇌량, 뇌간 등으로 구성되어 있다.

그렇다면 우리 인간의 뇌는 무엇으로 구성돼 있을까요? 네, 여러분들이 생물 시간에 배웠던 것처럼 신경세포neuron, 즉 뉴런으로 구성돼 있습니다. 그런데 실제로 우리 뇌 안에는 신경세포 외에도 혈관과 신경세포를 이어

주는 신경교세포glia도 많이 있습니다. 대뇌에 있는 신경세포의 대부분은 대뇌 피질cortex이라고 불리는, 대뇌의 표면 부위에 자리 잡고 있죠. 그리고 뇌의 여러 부위들 사이에는 신경섬유라고 불리는 '정보의 고속도로'가 복잡하게 네트워크를 형성하고 있습니다.

그렇다면 우리 뇌에는 과연 몇 개의 신경세포가 있을까요? 사실 정확히 알 수가 없답니다. 너무 많고 복잡해서 일일이 세는 것이 불가능하죠. 그래서 과거에는 뇌를 특수한 용액에 넣어 딱딱하게 굳힌 다음에 칼로 종잇장처럼 얇게 자른 단면을 현미경으로 관찰했습니다. 이렇게 하면 단위 면적에 들어있는 신경세포의 수, 즉 신경세포의 밀도를 계산할 수가 있겠죠. 이렇게 계산한 신경세포의 밀도에 전체 뇌의 면적을 곱하면 대략적인 신경세포의 개수를 알아낼 수가 있습니다. 그런데 이런 방법으로 알아낸 신경세포의 개수는 750억 개에서 1,250억 개 정도로 연구자마다 결과가 달랐습니다. 왜냐면 뇌의 신경세포의 밀도가 전체적으로 일정하지 않기 때문입니다. 예를 들자면 소뇌는 뇌 전체 질량의 10%밖에 안 되지만 소뇌에는 우리 중추신경계에 있는 모든 신경세포의 절반 가량이 들어 있습니다.

많은 연구자들이 신경세포의 수를 정확하게 세기

위해서 엄청난 노력을 기울였습니다. 물론 정확하게 신경세포의 수를 세는 것이 우리의 삶에 영향을 주는 일은 아니지만 인간의 호기심은 끝이 없죠. 지금까지 가장 정확하게 뇌에 있는 신경세포의 수를 측정한 사람은 브라질 리우데자네이루연방대학교의 수자나 허큘라노-하우젤 Suzana Herculano-Houzel 교수입니다.

2009년에 허큘라노-하우젤 교수 연구팀은 뇌에 있는 신경세포의 개수를 세기 위해 뇌에 있는 세포막을 전부 용해시켜서 균일한 용액을 만들었습니다. 그런 다음에 각 세포의 핵을 염색했습니다. 신경세포의 숫자만 따로 세기 위해서 신경세포와 신경교세포의 핵을 서로 다른 색으로 염색했죠. 하나의 신경세포에는 세포핵이 딱 하나씩만 들어 있기 때문에 용액의 일정 부피 안에 포함돼 있는 신경세포의 개수를 아주 정확하게 셀 수 있었습니다(신경교세포의 개수도 같은 방법으로 셀 수 있습니다). 용액 내의 신경세포의 밀도를 알아내고 나면 이 밀도 값에 전체 뇌를 녹인 용액의 부피를 곱하는 방법으로 뇌 전체의 신경세포 수를 셀 수가 있었죠. 이런 방법으로 신경세포 수를 측정해 봤더니 인간의 뇌 안에는 약 860억 개의 신경세포가 있다는 결과가 나왔습니다. 이 860억 개의 신경세포는 서로 얽히고설켜서 엄청난 규모의 신경 네트워크를 형성하고 있는데요. 신경세포와 신경세포를 연결하는 좁은 틈을 의미하는 시냅스$^{synapse}$의 수는 대략 100조 개에 달한다고 합니다. 밤하늘에 보이는 은하수의 별의 개수보다도 많은 숫자죠. 그래서 어떤 이들은 뇌를 '또하나의 작은 우주'라고 부르기도 합니다.

물론 여러분들은 눈에 보이는 뇌의 외양에서 크게 특별한 점을 느끼지 못할 수도 있습니다. 뇌의 가장 놀라운 점은 바로 뇌가 하는 일, 뇌의 기능에 있습니다. 뇌가 있어 우리는 생각할 수 있고, 기억할 수 있으며, 맘대로 몸을 움직일 수 있습니다. 너무 새삼스러운 이야기라는 생각이 드시죠? 그렇다면 우리 인간의 뇌를 다른 동물의 뇌나 기계의 CPU와 한번 비교해볼까요?

인간이 다른 동물들과 대비되는 차이점은 아주 많지만 그중에서도 가장 큰 차이점은 바로 언어를 사용한다는 점이라고 생각합니다. 여러분, 호모 로쿠엔스$^{Homo}$ $^{Loquens}$라는 말을 들어 보셨나요? 라틴어로 '말하는 인간'이라는 뜻입니다. 이 말에서 인간만이 언어를 사용하는 동물이라는 자부심이 느껴지지 않나요? 물론 동물들도 다양한 방법으로 의사소통을 합니다. 꿀벌은 특유의 춤으로 무언의 대화를 하고, 돌고래는 초음파를 이용해서 의사소통을 하는 것으로 알려져 있습니다. 하지만 "인간처럼 소리로 의사소통을 하는 다른 동물이 있을까?"라는 질문을 받으신다면 대답하기가 쉽지 않죠.

인간 이외에도 소리로 의사소통을 하는 동물이 있다는 사실이 밝혀진 것은 이미 40년도 더 지난 1980년의 일입니다. 미국의 영장류학자인 펜실베이니아주립대학교의 로버트 세이파스<sup>Robert Seyfarth</sup> 교수는 남아프리카에 사는 버빗원숭이<sup>vervet monkey</sup>가 서로 다른 포식자를 만났을 때 뚜렷이 구별되는 고음의 비명소리를 낸다는 사실을 발견했습니다. 버빗원숭이는 표범, 독수리, 비단뱀을 보았을 때 서로 다른 비명소리를 내는 것으로 관찰됐습니다. 물론 인간의 언어는 버빗원숭이가 사용하는 '언어'보다는 훨씬 더 복잡합니다. 사실 버빗원숭이의 언어는 인간의 언어에 비한다면 어린아이의 옹알이와 더 비슷한 수준이라고 보는 것이 맞을 것 같습니다. 그렇다면 우리 인간이 다른 동물들보다 더 복잡한 언어 체계를 보유하게 된 이유는 무엇일까요? 야생에서 수렵생활을 하던 우리의 선조들이 생존하는 데 있어 서로간의 의사소통이 아주 중요한 역할을 했기 때문일 겁니다.

뇌의 구조적인 측면에서 볼 때 인간이 다른 동물들과 가장 뚜렷하게 다른 점은 '신피질<sup>neocortex</sup>'이 특히 발달했다는 것입니다. 신피질이라는 용어는 미국의 신경과학자인 폴 D. 맥린Paul D. MacLean 박사가 1960년대에 주장한 '삼위일체 뇌 triune brain' 이론에서 처음 소개가 됐습니다. 맥린 박사는 인간의 뇌를 크게 세 부분으로 나누었는데요. 우선, '파충류의 뇌'라고 불리며 기본적인 생존 관련 행동을 만들어 내는 R-복합체R-complex와 '포유류의 뇌'라고 불리며 다양한 감정, 정서 반응을 담당하는 변연계limbic system가 있고, 마지막으로 '영장류의 뇌'라고 불리는 신피질이 있습니다. 신피질 중에서도 이마 아래에 있는 전전두엽prefrontal lobe이라는 부위는 다른 뇌, 즉 파충류의 뇌와 포유류의 뇌를 통제하는 역할을 합니다. 인간은 신피질이 발달했기 때문에 다른 동물과 달리 이성으로 감정과 본능을 억누를 수 있는 것이죠.

몸집도 비교적 작고 빠르지도 않은 인간이 지구에서 가장 큰 영향력을 끼치는 존재가 될 수 있었던 이유가 다른 동물들보다 더 영리한 두뇌를 가졌기 때문이라는 사실은 누구도 부인할 수 없습니다. 그렇다면 인간의 뇌는 대체 어떻게 특별하기에 다른 동물들보다 더 똑똑할 수 있는 걸까요? 뇌의 크기가 커서일까요? 몸집에 비해 뇌의 비중이 커서일까요? 아니면 뇌에 주름이 많이 져 있기 때문일까요?

인간과 코뿔소, 돌고래의 뇌 크기 비교 사진

사실 인간의 뇌는 인간보다 몸집이 더 큰 코뿔소나 얼룩말보다도 크기가 더 큽니다. 하지만 만약 뇌의 절대적인 크기가 지능을 결정한다면 인간보다 뇌가 더 큰 코끼리가 인간보다 더 똑똑해야 할 것입니다. 하지만 아시다시피 전혀 그렇지 않죠. 그런가 하면 뇌가 신체를 차지하는 비중이 지능을 결정한다면 참새나 개미는 인간보다 4배에서 6배 더 똑똑해야 말이 됩니다. 또, 인간의 뇌가 다른 동물보다 주름이 많이 져서 더 똑똑한 것이라면 인간의 뇌보다 주름이 훨씬 더 많은 돌고래가 화성에 우주선을 쏘아 올리고 있어야겠죠.

그렇다면 대체 인간 뇌의 어떤 면이 이런 지능의 차이를 만들어 내는 걸까요? 우선 같은 포유류 내에서 비교해 본다면 인간의 뇌는 설치류나 토끼류에 비해 신경교세포의 비율이 훨씬 더 높다는 연구결과가 있습니다. 최근 연구에 따르면 신경교세포, 그중에서도 성상교세포 astrocyte는 학습과정이나 인지과정에서 아주 중요한 역할을 한다고 알려져 있습니다. 따라서 신경세포 대비 신경교세포의 수가 많은 것이 지능을 결정하는 중요한 요인이라는 설명이 타당해 보입니다.

그런데 같은 유인원 내에서 비교하면 이런 특성은 조금 달라집니다. 앞서 소개해 드렸던 브라질의 여성 뇌과학자 수자나 허큘라노-하우젤 교수를 기억하시죠? 네, 바로 인간 뇌에 있는 신경세포와 신경교세포의 수를 세는 방법을 알아낸 분입니다. 그녀의 연구에 따르면 사람의 대뇌에는 약 163억 개의 신경세포와 608억 개의 신경교세포가 있고 소뇌에는 690억 개의 신경세포와 160억 개의 신경교세포가 있다고 합니다. 그런데 인간보다 뇌의 크기나 질량이 훨씬 작은 다른 유인원의 경우에도 대뇌와 소뇌에 있는 신경세포와 신경교세포의 비율을 계산해 보면 인간과 거의 같은 값을 가진다고 합니다.

제1부 프롤로그, '인간 강연'의 서막

이는 유인원에서 인간으로 진화하는 과정에서 뇌의 구조는 변하지 않고 단지 크기만 커졌다는 사실을 의미합니다. 인류학자들은 유인원에서 인간으로 진화해 오는 과정에서 뇌가 크게 발달하게 된 계기 중 하나가 불의 발견이라고 주장합니다. 인간이 불을 이용해서 조리된 음식을 먹기 시작하면서 소화하는 데 에너지를 덜 쓰게 되었기 때문에 남는 에너지를 뇌에 쓸 수 있게 됐고, 그래서 뇌가 더 빠르게 발달할 수 있었다는 주장입니다. 실제로 소나 코끼리와 같은 초식동물들은 하루 종일 무언가를 먹고 소화시키기 위해서 많은 에너지를 쓰고 있죠.

이처럼 우리 현생 인류의 뇌는 오랜 진화의 산물입니다. 특히 우리 인간의 뇌는 제한된 에너지로 작동할 수밖에 없기 때문에 에너지 효율을 극대화하면서 생존에 적합하도록 진화해 왔습니다. 인간의 뇌가 '가장 효율적인 컴퓨터'임을 보여주는 연구결과는 아주 많습니다. 하나만 예를 들어 보죠.

2018년 미국 MIT의 조쉬 맥더모트 Josh McDermott 교수 연구팀은 인공지능을 이용해서 인간 뇌의 청각 정보처리 과정의 비밀을 밝히고자 시도했습니다. 인간 뇌 연구에 많이 사용하는 두 가지 행동 과제를 가장 잘 수행하려면 인공지능이 어떤 구조를 가져야 할 것인지를 조사해 봤는데요. 그 두 가지 과제는 단어를 들려준 뒤에 어떤 단어인지 알아맞히는 과제와 음악을 들려 준 뒤에 어떤 장르인지를 알아맞히는 과제였습니다. MIT 연구팀은 두 가지 과제를 가장 잘 수행할 수 있는 인공 신경망의 구조를 다양하게 바꿔가며 테스트해 보았습니다. 물론 서로 다른 신경망 구조들은 비슷한 계산량을 가지도록 설계됐습니다. 시뮬레이션 결과, 주파수나 음의 높낮이 같이 낮은 수준의 정보는 공통으로 처리하다가 단어를 인식하는 부분과 장르를 인식하는 부분으로 나뉘는 형태의 신경망이 가장 뛰어난 성능을 보인다는 사실을 알게 됐죠. 그런데 MIT 연구팀이 기능적 자기공명영상[fMRI]을 이용한 연구결과를 바탕으로 인간 뇌의 청각 시스템과 인공지능의 구조를 비교해 봤더니 인간의 뇌가 인공지능에서 찾은 최적의 신경망과 이미 똑같은 방식으로 작동하고 있다는 사실을 알게 됐습니다. 인간의 뇌는 오랜 진화 과정을 통해 제한된 에너지로 최고의 성능을 낼 수 있는 구조를 스스로 찾아냈던 것입니다.

시각 정보를 처리하는 과정에서도 인간은 눈앞에 보이는 모든 세밀한 정보를 받아들이는 것이 아니라 일부 정보만 빠르게 받아들인 뒤에 기존 경험을 바탕으로 빠진 정보를 채워 넣는 것으로 알려져 있습니다. 최소한의 정보만으로도 에너지 효율을 최대로 끌어올릴 수 있도록 진화한 결과죠. 신경세포들이 이루고 있는 연결 네트워크도 놀라우리만큼 효율적으로 구성돼 있습니다. 인간의 뇌는 흔히 말하는 '작은세상 네트워크small-world network'를 구성하고 있습니다. 작은세상 네트워크 이론은 지구상에는 80억의 인구가 있지만 몇 단계만 거치면 지구상의 그 누구와도 연결이 가능하다는 사실을 증명한 이론이죠.

인간의 뇌에는 약 860억 개의 신경세포가 있고 이들이 복잡하게 얽혀 있지만 자세히 살펴보면 모든 신경세포가 서로 연결돼 있는 것은 아닙니다. 주로 이웃에 있는 신경세포들끼리 연결돼 있고 멀리 떨어져 있는 뇌 영역과 연결하기 위해서 일종의 허브hub 역할을 하는 신경세포들이 있습니다. 여러분, '허브'라는 말을 어디서 많이 들어보지 않으셨나요? 네, 인천공항이 대표적인 '허브' 공항으로 불립니다. 우리나라에서 영국이나 미국과 같은 먼 나라로 여행을 가기 위해서는 반드시 인천공항을 거쳐야만 하죠. 인구가 많지 않은 지방 소도시와 유럽 대도시 간에 직항 항공로를 만들 경우에 드는 비용을 생각하면 아주 비효율적일 것이기 때문에 허브 공항인 인천공항을 이용하는 것입니다. 우리 뇌도 최대한 에너지를 덜 사용하는 효율적인 시스템을 만들기 위해서 작은세상 네트워크를 구성하고 있는 것이죠.

인간의 뇌는 효율을 중요시하며 진화해 왔지만 동시에 생존에 필수적인 기능에 있어서는 그 어떤 동물이나 기계보다도 뛰어난 능력도 갖추고 있습니다. 다른 사람의 얼굴이나 표정을 인식하는 능력 같은 것이 대표적입니다. 인간은 사자나 곰과 같은 동물보다 덩치도 작고 힘도 약하기 때문에 이들에 맞서 혹독한 야생에서 생존하기 위해서는 다른 사람들과 힘을 합칠 수밖에 없었을 겁니다. 따라서 사회성과 관련된 뇌의 기능이 발달할 수밖에 없었겠죠.

사람은 미로에서 길을 찾아 나가는 데 있어서도 다른 동물들보다 훨씬 뛰어난 능력을 보여줍니다. 어두운 숲 속에서 호랑이나 늑대에게 쫓길 때 반드시 필요한 능력이었겠죠. 이런 인간의 뛰어난 길 찾기 능력은 인공지능을 개발하는 과정에 적용되기도 했는데요. 2018년, 알파고$^{AlphaGo}$를 개발한 것으로 유명한 구글 딥마인드$^{DeepMind}$ 연구팀은, 인간의 길 찾기 전략을 모방한 인공지능 에이전트(일종의 컴퓨터상에서 동작하는 로봇)를 개발했습니다. 연구팀은 기존의 인공지능 구조에 인간 뇌의 내후각피질에 있는, 격자세포$^{grid\ cell}$로 불리는 공간 탐색 세포의 작동 원리를 반영해 보았습니다. 그랬더니 기존의 에이전트에 비해 훨씬 뛰어난 길 찾기 능력을 보여줬을 뿐만 아니라 길을 찾을 때 사람과 비슷한 전략을 사용해서 지름길을 찾는 능력을 보여주기도 했습니다.

학습 능력에 있어서도 아직 인공지능은 인간을 따라잡지 못하고 있습니다. 사람은 개나 고양이의 사진을 단 한 장만 보더라도 개와 고양이의 특징을 파악하고 새로운 개나 고양이 사진을 분류하는 능력을 갖고 있지만, 아직 가장 최첨단의 인공지능 기술도 인간이 가진 '원 샷 러닝One-Shot Learning' 능력을 보여주지 못하고 있습니다. 새로운 것을 창조하는 능력은 또 어떤가요. 인공지능 기술이 빠르게 발전하고 있다지만 현재의 인공지능은 학습한 데이터의 범주를 벗어나는 새로운 상상을 할 수는 없습니다. 기존의 데이터를 토대로 추론하는 데 머무르고 있죠. 그런데 이런 놀라운 기능을 가진 우리 뇌를 작동하는 데 필요한 에너지가 얼마인지 아시나요? 불과 20와트입니다. 가정에 있는 60cm 길이의 형광등을 켜는 데 필요한 에너지죠. 여러분은 세상에서 가장 효율이 높은 컴퓨터를 머릿속에 한 대씩 넣고 다니는 셈이랍니다.

하지만 인간의 뇌가 '에너지 효율'만을 중요시하며 진화하다 보니 생존에 필수적이지 않은 기능에 있어서는 다른 동물이나 기계에 비해 불완전하거나 기능이 떨어지는 측면도 분명히 있습니다. 생존에 필수적이지 않으니 상대적으로 최적화가 덜 된 것으로 봐야겠죠. 그렇다 보니 인간의 뇌는 가끔 실수나 착각을 하기도 하고 여러 가지 질환에 취약하기도 합니다. 아마도 우리의 두뇌가 완전하다면 '뇌공학'이라는 학문은 존재하지 않았을지도 모릅니다. 뒤에서 자세히 살펴보겠지만 인간의 두뇌가 가지고 있는 불완전성을 어떻게 보완하느냐가 바로 뇌공학 분야에 던져진 과제라고 할 수 있습니다. 이제는 인간 뇌의 불완전성에 대해 좀 더 직관적인 예를 들면서 이야기해 보겠습니다.

# 불완전한 존재, 인간

●

여러분, 여기 제가 요즘 어린아이들이 좋아하는 '미니언즈<sup>Minions</sup>'의 동영상을 가져왔습니다. 소위 '움짤'이라고 불리는 anigif라는 형식의 파일입니다. 문제를 하나 드리겠습니다. 지금 보시는 동영상

미니언즈
'움짤' QR 링크

은 초당 몇 장의 정지 사진을 이어 붙여 만든 것일까요? 30장? 60장? 100장?

　네, 모두 다양한 반응들이시네요. 그럼 정답을 알려 드리겠습니다. 불과 1초에 20장의 정지 사진을 이어

붙여서 만든 영상입니다. 초당 20프레임이라고 부르죠. 그런데 여러분들 대부분은 영상이 연속적으로 보일 뿐만 아니라 어색해 보이지도 않으셨죠? 우리 인간은 불과 초당 20장의 정지 사진을 이어 붙여 보여줘도 그걸 연속적인 영상으로 인식한다는 겁니다.

자, 그런데 만약에요. 우리 인간이 1초에 1,000장의 정지 사진을 인식할 수 있는 능력이 있다면 이 사진이 어떻게 보일까요?

네, 아마 '뚝 뚝' 끊어져서 보일 겁니다. 저 강의실 뒤편에서 누군가가 저에게 총을 발사한다면 총알이 회전하면서 날아오는 장면이 마치 슬로우 비디오를 재생한 것처럼 또렷하게 보일 겁니다. 이뿐만이 아닙니다. 스포이드로 물을 한 방울 바닥에 떨어뜨린다면 물이 바닥에 닿으면서 왕관 모양의 무늬를 만드는 장면이 초고속 카메라로 촬영한 영상처럼 생생하게 보이게 될 겁니다.

그런데 말입니다. 여러분들은 혹시 왜 인간이 1초에 20~30장 정도의 정지 사진밖에 인식을 하지 못할까 생각해 보신 적이 있으신가요?

네, 그렇습니다. 이미 여러 번 말씀드렸던 것처럼 그럴 필요가 전혀 없었기 때문입니다. 인간은 약 200만 년 동안 진화해 오면서 거의 99%의 시간 동안 야생 동물

고대 원시인이 매머드를 수렵하는 장면

을 사냥하고 포식자의 위협에서 도망치며 생존했습니다. 위 그림에서처럼 말이죠. 그런데 야생 동물을 사냥하고 포식자에게서 도망치는 데 굳이 1초에 1,000장의 장면을 인식할 필요가 있었을까요? 1초에 1,000장의 장면을 인식하려면 1초에 20장의 장면을 인식할 때보다 훨씬 더 많은 에너지를 필요로 할 겁니다. 신경세포가 50배나 더 많은 정보를 처리해야 할 테니까요.

인간의 뇌는 유한한 양의 에너지로 작동한다고 말씀드렸는데요. 우리 뇌가 쓸 수 있는 에너지는 제한돼 있는데 우리 뇌는 다른 동물과는 달리 언어 기능에 뇌의 많은 부분을 할당하고 있습니다. 실제로 언어를 이해하고

가상의 인간 '호문쿨루스'

생성하는 데 필요한 뇌의 영역은 대뇌 피질 전체 면적의
1/5이나 됩니다. 이뿐만이 아닙니다. 여러분들 지금 위에
보이는 그림이 무엇인지 짐작이 가시나요? 이 그림은 호
문쿨루스Homunculus라고 불리는데요. 호문쿨루스는 라틴
어로 '소인'이라는 뜻입니다. 중세 유럽의 연금술사가 만
들어 내는 인조인간을 뜻하기도 했죠. 뇌과학에서는 그림
에 있는 가상의 인간을 가리키는 용어로 쓰입니다.

  그림 속의 사람 형상을 보시면 어떤 특징적인 면이
보이세요? 손이 다리나 몸통에 비해 엄청나게 크죠? 또
어디가 큰가요?

  네, 입도 눈이나 코 등에 비해 비정상적으로 큽니
다. 이제 비밀을 알려 드리겠습니다. 이 호문쿨루스라고

하는 사람 형상은, 우리 신체의 각 부위가 우리 대뇌에서 차지하고 있는 영역의 면적에 비례해서 사람을 다시 그려 놓은 것입니다. 인간은 다른 동물과 달리 손으로 도구를 만들어 사용하기 때문에 정교한 손놀림이 필요하고 따라서 진화 과정에서 손의 기능을 담당하는 뇌 부위가 커질 수밖에 없었습니다. 또한, 인간은 언어를 사용하기 때문에 정교한 입의 움직임이 필요했고, 의사소통에 능한 인간이 생존에 보다 유리했을 것이므로 진화 과정에서 입과 관련된 뇌 부위가 커지게 되었겠죠.

그렇다면 쥐의 뇌에서 가장 넓은 영역을 차지하는 감각 기능은 무엇일까요? 냄새를 맡을 수 있는 후각기능? 아니면 주변 소리에 예민하게 반응할 수 있는 청각기능일까요? 아닙니다. 재미있게도 쥐의 뇌에서 가장 넓은 영역을 차지하는 감각은 콧수염의 촉각입니다. 여러분, 쥐가 어디에서 주로 생활하죠? 주로 어두컴컴한 지하에서 많이 생활하죠. 빛이 들어오지 않는 지하에서 쥐는 어떻게 앞에 놓인 장애물을 인식하고 피해 나갈까요? 가뜩이나 짧은 앞발을 내밀고 앞을 더듬으며 나아가는 것은 상상만 해도 비효율적일 것 같지 않으세요? 그렇다고 쥐가 박쥐처럼 초음파를 쏘거나 살모사처럼 적외선을 볼 수 있는 능력을 갖고 있는 것도 아닙니다. 쥐는 코앞에 길게 뻗은

6개의 콧수염의 감각을 이용해서 장애물을 인지하고 피해 갑니다. 콧수염의 감각이 예민하고 정교해야 생존확률이 커지니 당연히 진화 과정에서 콧수염의 감각과 관련된 뇌 부위가 커질 수밖에 없었을 겁니다.

이런 진화적인 차이로 인해 우리 인간은 개나 늑대보다 소리를 잘 듣지도, 냄새를 잘 맡지도 못하고 독수리보다 멀리 있는 물체를 잘 보지도 못합니다. 이처럼 우리 인간은 제한된 감각 능력을 갖고 살아가고 있습니다.

비단 감각능력뿐만이 아닙니다. 2015년에 개봉한 영화 〈인사이드 아웃Inside Out〉을 보셨나요? 국내에서도 극장에서만 500만 관객이 봤을 정도로 흥행한 영화니까 아마 여기 계신 여러분들께서도 많이들 보셨으리라 생각합니다. 영화를 보시면 주인공의 머릿속에 기쁨이, 슬픔이, 버럭이, 까칠이, 소심이라는 다섯 캐릭터가 살고 있죠. 그런데 주인공이 깊은 잠에 빠져 있는 동안 이 다섯 캐릭터들은 하루 동안에 있었던 일들이 보관되어 있는 구슬을 들여다보면서 중요하다고 생각하는 기억은 장기기억 보관소로 보내고, 필요 없다고 생각하는 기억은 망각의 계곡으로 던져버립니다.

이와 같은 과정은 실제로 우리가 깊은 잠에 빠져 있을 때, 우리 뇌에서 일어나는 현상입니다. 이런 과정을 전문적인 용어로 '기억 경화memory consolidation'라고 합니다. 그런데, 여러분! 혹시 여러분은 '하루 동안에 있었던 일들을 모두 다 기억할 수 있으면 얼마나 좋을까?' 이런 생각을 해 보신 적이 없으신가요? 만약 그렇게만 된다면 수업 시간에 딱 한 번 듣기만 해도 우리 머릿속에 모든 지식이 쌓이게 될 텐데 말이죠. 그런데 우리 인간은 곧잘 잊습니다. 도대체 왜 우리는 '망각'을 할 수밖에 없을까요?

그렇습니다. 기억을 생성하는 데에도 에너지를 필요로 하기 때문입니다. 정확히 말하자면 장기기억을 생성할 때 단백질을 필요로 합니다. 앞서 말씀드린 것처럼 우리 뇌가 쓸 수 있는 에너지는 제한돼 있기 때문에 우리는 모든 것을 기억할 수가 없는 거죠. 이처럼 인간은 제한된 기억 능력을 갖고 살아가고 있습니다.

인간의 인지능력은 또 어떤가요? 우리는 살아가면서 자주 '착각'이라는 것을 합니다. 심지어는 우리 뇌를 속이는 것도 그리 어려운 일이 아닙니다. 유명한 뇌과학 실험 중에 '고무손 착각rubber hand illusion 실험'이라는 것이 있습니다. TV나 유튜브 등에서 쉽게 실험 장면을 볼 수 있을 정도로 잘 알려진 실험이죠. 이 실험은 1998년에 미국 피츠버그대학교의 매튜 보츠비닉Matthew Botvinick 교수와 카네기멜론대학교의 조너선 코헨Jonathan Cohen 교수가 제안했는데요. 실제 손과 비슷하게 생긴 '고무손'만 있다면 여러분들도 집에서 쉽게 해 볼 수 있는 실험입니다.

　우선 탁자 위에 실험 참가자가 왼손을 올려놓게 한 뒤에 검은 천을 덮어서 손이 보이지 않도록 가립니다. 그리고 원래 왼손이 놓여 있어야 할 자리에 실제 손과 흡사하게 만든 고무손을 올려놓죠. 그러면 실험자는 가려진 왼손과 눈앞에 있는 고무손을 부드러운 붓을 이용해서 동시에 살살 문지릅니다. 얼마간의 시간이 흐르고 난 뒤에 실험자가 고무손을 향해 갑자기 칼을 찌르는 시늉을 하면 피실험자들은 화들짝 놀라면서 비명을 지르거나 진짜 손을 자기 몸으로 당기는 행동을 하게 됩니다. 10분도 안 되는 시간 동안에 고무손을 자신의 진짜 손으로 착각하게 된 것입니다. 이처럼 인간의 인지능력은 뭔가 불완전한 면으로 가득 차 있습니다.

　위의 여러 사례에서 살펴 본 것처럼 인간의 두뇌는 완전하지 않습니다. 하지만 인간은 부족한 부분을 고민하는 데서 그치지 않고 더 나아지는 방법을 생각하는 동물입니다. 다른 도구들과 마찬가지로 우리는 뇌에 대해서도 고민을 하게 됐죠. "우리가 가진 뇌가 아닌, 다른 뇌를 만들 수 있을까?"하고 말입니다. 더 나은 뇌까진 아니더라도, 최소한 우리 뇌기능의 일부를 실행할 수 있는 뇌를 창조하고자 한 시도들은 꽤 오래전부터 있어 왔습니다. 그리고 비교적 최근에, 우린 그 결실을 조금씩 맛볼 수 있게 되었습니다. 바로 '인류가 만든 뇌', 인공지능입니다. 인공지능에 대해 알아볼 두 번째 파트로 넘어가기에 앞서, 우선 인간 두뇌에 대해 평소 궁금했던 질문 몇 가지를 받고 답을 해 드리는 시간을 가졌으면 합니다.

# 우리는 뇌에 대해서
# 얼마나 알고 있나요?

2017년 6월 14일 계산고등학교

한마디로 말씀드리자면 우리 인간이 뇌에 대해 얼마나 알고 있는지는 그 누구도 모릅니다. 보통 이럴 때 쓰는 표현이 '오직 신만 알고 있습니다' 인데요. 제가 생각하기에는 '어쩌면 신도' 잘 모를 것 같습니다.

제가 인간의 뇌에 대해 확실하게 말씀드릴 수 있는 사실은 단 두 가지입니다. 첫 번째 사실은 '당신의 뇌는 이 우주에서 유일하다'는 것입니다. 현재 지구상에 살고 있는 80억 인류뿐만 아니라, 지금까지 지구상에 살아온, 그리고 앞으로 살아가게 될 어떤 인간도 여러분과 똑같은 뇌를 가질 수는 없습니다. 심지어 일란성 쌍둥이조차도 서로 다른 뇌를 가지고 있습니다.

두 번째 사실은 '당신의 뇌는 지금 현재도 계속해서 변하고 있다'는 것입니다. 우리 뇌는 고정돼 있지 않습니다. 우리 뇌는 끊임없이 새로운 자극을 받아들이고 수많은 새로운 경험에 노출되면서 계속해서 변화합니다. 새로운 시냅스 연결이나 말이집myelin sheasth이 생겨나고 해마hippocampus와 같은 특정 뇌 부위의 크기가 커지기도 합니다. 이러한 특성을 뇌 가소성plasticity이라고 합니다.

뇌 가소성과 관련한 수많은 일화들이 있지만 그중에서도 가장 유명한 것은 런던 택시 기사에 관한 것입니다. 런던에서 택시 기사가 되기 위해서는 거미줄처럼 얽힌 복잡한 런던 골목길을 모두 기억해야 합니다. 이 과정이 너무 어려워서 최종 합격하는 데까지 평균 4,000시간이나 걸린다고 하죠. 택시 기사가 된 이후에도 길 찾기에 많은 노력을 기울여야 하기 때문에 런던 택시 기사들은 공간 기억에 중요한 역할을 하는 해마 영역이 일반인에 비해 더 크다고 합니다. 또한 택시 운전을 오래한 사람일수록 해마의 크기가 더 컸습니다. 이처럼 인간의 뇌는 어떻게 사용하느냐에 따라 끊임없이 새로운 뇌로 재탄생합니다.

뇌과학 분야에서는 매일 새로운 이론이 발표되고 기존

에 있었던 이론이 하루아침에 사라지기도 합니다. 한때 사실로 받아들여졌지만 이제는 폐기된 뇌과학 이론의 가장 대표적 사례는 '좌뇌형-우뇌형 인간' 이론입니다. 잘 알다시피 대뇌는 좌뇌와 우뇌로 나눌 수 있는데요. 이 이론은 우리 대뇌의 좌뇌-우뇌 중 어느 쪽 반구의 기능이 더 발달했는지를 알아내서 사람들을 좌뇌형 인간과 우뇌형 인간으로 분류할 수 있다는 이론입니다. 마치 자주 쓰는 손을 기준으로 사람들을 오른손잡이와 왼손잡이로 나누는 것과 비슷한 논리입니다. 이 이론은 한때 심리학계에서도 널리 받아들여졌을 뿐만 아니라 학습지나 학원 광고에도 많이 등장했습니다. 좌뇌를 발달시켜 수학 능력과 논리적 사고력를 키워주는 수학학원이나 우뇌를 발달시켜 창의력을 향상시켜 주는 논술학원처럼 말입니다.

당시의 이런 광고들을 자주 봤던 중년층 이상의 분들은 아직도 좌뇌형 인간, 우뇌형 인간이라는 표현을 종종 쓰시기도 하지만, 이 이론은 이미 20년 전에 심리학계에서 폐기된 하나의 가설에 불과합니다. 물론 좌뇌와 우뇌의 기능에 차이가 있다는 사실은 잘 알려져 있습니다. 좌반구는 신체의 오른쪽 부분을 담당하고 우반구는 신체의 왼쪽 부분을 담당하고 있죠. 이뿐만 아니라 언어를 이해하고 만들어 내는 데 관여하는 대뇌 언어중추는 대부분 좌뇌에 위치하고 있습니다. 오른손잡이의 95% 이상, 왼손잡이의 80% 이상이 좌뇌에 언어영역을 갖고 있습니다. 언어 이외에도 집중력이나 기억력 등과 관련된 전두엽, 두정엽의 기능도 좌뇌와 우뇌가 약간씩 다릅니다. 물론 사람들마다 집중력이나 기억력, 언어 구사능력에 차이가 나기는 합니다. 하지만 그게 좌뇌 혹은 우뇌가 더 발달했거나 덜 발달했기 때문에 발생하는 차이일까요? 과연 모든 인간을 혈액형으로 사람을 나누듯이 좌뇌형 인간과 우뇌형 인간으로 구분하는 것이 타당할까요?

그렇지 않습니다. 일례로 2013년 미국 유타대학교의 자레드 닐슨 <sup>Jared Nielson</sup> 교수 연구팀이 기능적 자기공명영상을 이용해서 1,000명 이상의 피험자를 대상으로 연구한 결과에 따르면 실험 대상자 모두가 좌뇌와 우뇌를 골고루 활용하고 있었고 평균적으로 좌뇌와 우뇌의 활성도에는 유의미한 차이가 없었습니다. 물론 일부 사람들 중에는 좌뇌나 우뇌 중 특정 반구의 활동이 더 활발한 경우도 있었지만 그런 차이는 개개인의 성격이나 능력, 개성과 아무런 상관성이 없었습니다.

우리가 뇌에 대해서 얼마나 무지했는지에 대한 대표적인 사례 하나만 더 들어 보겠습니다. 우리는 '뇌'하면 가장 먼저 신경세포를 떠올리지만 이미 본 강의에서 소개한 바와 같이 우리 뇌에는 상당히 많은 수의 신경교세포가 있습니다. 대뇌 피질에 있는 신경교세포의 수는 신경세포의 수에 비해 무려 4배나 더 많고 중추신경계 전체로 보더라도 신경세포와 신경교세포의 수는 비슷한 수준입니다.

그런데 뇌과학자들은 신경교세포에 대해서 그동안 크게 관심을 기울이지 않았습니다. 신경교세포는 '활동전위action potential'를 만들지 않기 때문에 겉보기에는 아무런 일을 하지 않는 것처럼 보이기 때문입니다. 자연히 연구자들의 관심은 아주 활발하게 활동전위를 만들어 내는 신경세포에 쏠릴 수밖에 없었죠. 불과 20~30년 전만 하더라도 교과서에는 신경교세포가 신경세포를 고정시키고 영양분을 공급하는 역할을 한다고 쓰여 있었습니다.

그런데 앞서 말씀드렸듯이 우리 인간의 뇌는 유한한 양의 에너지로 작동하고 있습니다. 신경세포를 단지 고정만 시키려고 한다면 굳이 살아있는 세포를 이용해서 고정시킬 필요가 있을까요? 살아있는 세포는 에너지를 필요로 하는데 말입니다. 그토록 효율적인 컴퓨터로 진화해 온 인간의 뇌가 이처럼 비효율적으로 작동할 리가 없지 않을까요? 물론 과거에도 이런 의문이 없었던 것은 아니지만 대부분의 뇌과학자들에게는 활동하지 않는 것처럼 보이는 신경교세포보다는 스스로 활동전위를 발생시키는 신경세포가 더 중요한 연구대상이었습니다.

그런데 최근 들어 뇌과학을 연구하는 학자가 많아지고 뇌과학 연구를 위한 새로운 방법들이 개발되면서 신경교세포의 역할이 새롭게 밝혀지고 있습니다. 신경교세포는 신경세포를 지지하거나 영양분을 공급하는 단순한 역할만 하는 것이 아니라 신경세포에서 신호 전달이 잘 이뤄질 수 있도록 보조하거나 새로운 시냅스 생성을 유도한다는 사실을 알게 됐습니다. 이제 뇌과학 분야에서 신경교세포는 더 이상 무관심의 대상이 아닙니다. 이처럼 아직도 뇌과학 분야에서는 우리가 알지 못하는 비밀이 수없이 많이 쌓여 있습니다.

뇌는 연구하기가 매우 어렵습니다. 일단 인간의 뇌는 두꺼운 두개골로 둘러싸여 있어서 뇌수술을 하지 않는 이상 들여다보기가 쉽지 않습니다. 물론 여러분들도 잘 아는 자기공명영상 장치가 개발돼서 살아있는 사람의 뇌 구조뿐만 아니라 뇌기능도 연구할 수 있게 됐습니다. 하지만 아직도 신경세포 하나하나의 활동을 아주 빠르게 읽어낼 수 있는 방법은 존재하지 않습니다.

이런 제한된 도구밖에 없다고 하더라도 뇌 연구는 지속돼야만 합니다. 여러분은 뇌를 왜 연구해야 한다고 생각하세요? 강연을 다니면서 이 질문을 많이 던졌는데 도통 만족스러운 대답을 잘 듣지 못했습니다. 그런데 몇 년 전, 제 큰 딸이 다니던 초등학교 2학년 교실에서 일일 교사를 한 적이 있었는데요. 그때 제가 똑같은 질문을 던졌더니 맨 뒷자리에 앉은 똘똘해 보이는 남학생 하나가 손을 번쩍 들고 말하더군요.

"뇌에 생기는 질병을 고칠 수 있고 뇌를 닮은 컴퓨터를 만들 수 있기 때문입니다."

바로 제가 기대하던 답변이었습니다. 제 딸아이에게 그 친구와 친하게 지내라고 했죠.

세상에는 다양한 뇌질환이 있지만 그중에서도 인간의 평균수명이 늘어나면서 가장 문제가 되는 질환은 바로 치매입니다. 치매의 유병률은 65세부터 두 배씩 늘어나서 95세가 되면 치매에 걸릴 확률이 걸리지 않을 확률보다 높아진다고 합니다. 치매의 치료법이 발견되지 않는 이상 오래 살게 된다고 해서 다 좋은 것만은 아닙니다.

물론 전 세계의 많은 연구자들이 치매 정복을 위해서 지금 이 순간에도 피땀 어린 노력을 기울이고 있습니다. 치매의 원인을 밝히기 위한 연구도 많이 진행되고 있는데요. 치매의 원인을 정확하게 알아내야만 치매를 치료할 수 있기 때문입니다.

치매의 대부분을 차지하는 알츠하이머<sup>Alzheimer</sup> 치매 환자의 뇌에는 '베타 아밀로이드'라는 단백질이 쌓여서 형성된 플라크<sup>plaque</sup>라는 물질이 다량으로 존재합니다. 이 때문에 지금까지는 베타 아밀로이드 플라크가 치매를 일으킨다고 생각해 왔죠. 지난 20년이 넘는 시간 동안 베타 아밀로이드 플라크를 없애기 위한 약물을 개발하기 위해서 많은 시간과 돈이 투자됐습니다.

그런데 최근 들어 베타 아밀로이드를 표적으로 하는 약물들이 실제 치매 환자의 치료에 효과가 거의 없어서 임상실험이 실패하는 일이 계속 일어나게 됩니다. 그러던 중에 2020년에는 미국 샌디에이고 재향군인 건강관리센터의 켈시 R. 토머스<sup>Kelsey R. Thomas</sup> 박사 연구팀이 베타 아밀로이드 플라크가 생겨나는 시점보다 치매에 의한 인지기능 저하가 먼저 발생한다는 사실을 밝혀내기도 했죠. 베타 아밀로이드 플라크는 치매를 일으키는 물질이 아니라 치매에 의해서 생겨나는 물질일 가능성을 제시한 것입니다. 이제 뇌과학자들과 의학자들은 새로운 치매 유발 물질을 찾아내야 하는 상황에 처하게 됐습니다(타우<sup>tau</sup>라는 단백질이 주목받고 있습니다). 이 사례에서처럼 아직 우리는 많은 종류의 뇌 질환이 왜 생겨나는지도 모르고 어떻게 치료해야 할지도 모릅니다. 흔히들 뇌에 투자하는 연구비는 투자 대비 가시적인 성과가 낮다는 말을 많이 하는데요. 저는 그런 말을 들을 때마다 치매를 예로 듭니다. 우리가 건강하게 장수하기 위한 기술을 개발하는 일에 가성비를 따지는 것이 과연 옳을까요?

뇌를 닮은 컴퓨터를 만드는 것도 뇌 연구를 해야 하는 중요한 이유 중 하나입니다. 뒤에서 더 자세히 말씀을 드리겠지만 최근에 신경계의 정보처리 과정을 모방해서 뉴로모픽 칩

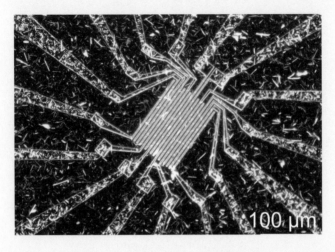

인간의 두뇌 신경망을 모방한 뉴로모픽 칩의 사진

neuromorphic chip이라는 반도체가 만들어지고 있습니다. 이 기술은 차세대 컴퓨터에도 쓰일 수 있고 인간의 뇌와 컴퓨터를 연결하기 위해서도 쓰일 수 있을 것으로 기대되고 있습니다. 뉴로모픽 칩에서 가장 앞서가는 회사는 미국의 IBM입니다. 뉴로모픽 칩의 성공을 통해 30년 전 퍼스널 컴퓨터의 대명사로 불렸던 'IBM 컴퓨터'의 영광을 다시 한번 재연할 수 있을지에 대해 세계의 이목이 집중되고 있습니다.

　　IBM은 미국의 군사기술 연구기관인 방위고등연구계획국DARPA의 프로젝트에 참여해서 '트루노스TrueNorth'라는 이름의 뉴로모픽 칩을 개발했습니다. 트루노스 칩은 무려 54억 개의 트랜지스터를 내장하고는 각 소자를 인간의 신경망처럼 연결해서 인간 두뇌의 정보처리 과정을 모방했습니다. 트루노스 칩은 기존의 '폰 노이만' 방식이라고 불리는 컴퓨터 구조(여러분들이 지금 쓰고 계신 컴퓨터의 구조로서 정보처리 장치와 기억 장치가 분리된 구조입니다)를 쓸 때보다 필요로 하는 사용 전력이 1만 분의 1밖에 되지 않는다고 합니다.

그런데 인간의 뇌에는 약 860억 개의 신경세포가 있는데요. 트루노스 칩을 단 16개만 연결하더라도 내부의 트랜지스터 총 개수가 인간 뇌에 있는 신경세포의 개수와 같아집니다. 그런데 이렇게 구현한 트루노스 칩의 전력 소비량은 인간 뇌의 에너지 소비량을 전기에너지로 환산한 것에 비해 여전히 100배 이상 큽니다. 인간의 뇌가 현재 최고의 기술로 구현한 컴퓨터보다 100배 더 효율적으로 작동한다는 이야기입니다. 그만큼 우리가 아직까지 인간 뇌의 작동 원리에 대해 잘 모르고 있다는 이야기이기도 하죠. 인간의 뇌에 대해 알게 된 새로운 사실들을 활용한다면 더욱 뛰어난 성능을 가진 새로운 뉴로모픽 칩을 만들어 낼 수 있을 것으로 기대됩니다.

이 책을 읽는 여러분들이 앞으로 뇌에 대해 계속해서 관심을 주셨으면, 그리고 여러분 가운데 뇌의 신비를 밝히는 뇌과학자가 나오게 된다면 더욱 좋겠습니다.

우리 신체를 인공 장기로 대체할 수 있다면
과연 신체의 몇 % 정도가
기계로 대체됐을 때까지를
인간으로 볼 수 있을까요?

2018년 10월 25일 제물포고등학교

정말 재미있는 질문이네요. 일단 현재 기술 수준으로는 인체
의 많은 부분을 기계로 대체하지는 못합니다. 예를 들면 흔히
'인공심장'이라고 부르는 장치도 아직까지 심장을 완전히 대
체하지 못합니다. 심장 대신에 피를 온몸으로 보내주는 기능
을 하려면 몸 밖에 펌프가 있어야 하기 때문에 장치의 크기를
줄이는 데 한계가 있어 허리춤에 차고 다녀야 할 정도입니다.

하지만 최근에 바이오닉스 분야가 발전하면서 팔이나
다리를 잃은 사람들을 위한 전자의수나 전자의족은 아주 놀라
운 속도로 발전하고 있습니다. 이뿐만 아니라 청각을 잃은 사

람들을 위한 인공와우(인공 달팽이관)는 이미 그 역사가 50년
도 넘었죠. 최근에는 시각을 잃어버린 사람들이 앞을 볼 수 있
게 해 주는 인공망막도 이식이 되고 있답니다.

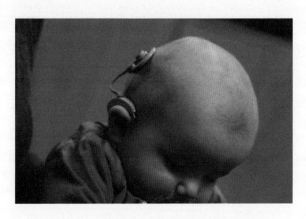

아기가 청각신경에 자극을 줘 청각 세포의 기능을 대신하는
인공와우를 착용하고 있다.

아마 가까운 미래에는 호르몬이나 화학물질을 직접 생
성하는 위장이나 갑상선 같은 기관을 제외한 대부분의 기관이
나 조직을 인공적으로 만든 기계장치로 대체하는 것이 가능할
지도 모릅니다. 그런데 저는 이런 신체 장기나 조직들이 아무
리 기계로 대체가 된다고 하더라도 단 한 가지만 남아 있다면
'인간'으로 볼 수 있다고 생각합니다.

그 한 가지는 바로 '뇌'입니다. 흔히 신체 장기를 '이식

한다'라는 표현을 쓰잖아요. 심장 이식, 신장 이식, 간 이식 등과 같이 말입니다. 그런데 '뇌 이식'이라는 말은 잘 쓰지 않습니다. 뇌를 이식하는 것이 기술적으로 불가능해서 그런 것이 아니고요. 동일한 의미를 가진 다른 용어가 있기 때문입니다. 바로 '전신 이식whole-body transplant'이라는 용어입니다. 내 뇌가 다른 사람의 몸속으로 옮겨 가는 것이 아니라 내 뇌는 가만히 있고 다른 사람의 '뇌를 제외한 전신'이 내게로 옮겨 온다는 뜻이죠. 뇌가 곧 '나'라고 전제하는 겁니다.

물론 이런 생각에 반론을 제기하는 사람들도 있습니다. 과연 '뇌가 신체 없이 단독으로 존재할 수 있느냐'는 것이죠. 실제로 뇌는 신체 기관과 조직을 통제하는 일종의 '지휘자' 역할을 합니다. 신체 각 부위가 잘 작동하고 있는지 모니터링을 하고 이상이 있으면 즉각적인 처방을 내려주죠.

제가 이쯤에서 즐겨하는 농담이 하나 있습니다. "사촌이 땅을 사면 배가 아프다"라고 하죠? 사촌이 땅을 샀는데 왜 하필이면 '배'가 아플까요? 재미있는 사실은 우리의 장에는 뇌 다음으로 많은 신경세포가 존재하고 있다는 것입니다. 대략 5억 개 정도인데요. 우리 대뇌에 있는 신경세포가 163억 개니까 비율로 보면 얼마 안 돼 보이지만 5억 개의 신경세포가 뇌의 한 부위에 모여 있다고 가정하면 대뇌 전체 면적의 약 3.1% 정도를 차지합니다. 이 정도면 대략 우리가 소리를 들을 때 사용하는 영역인 일차청각피질primary auditory cortex의 면적보다 더 큽니다. 우리가 살아가는 데 있어 청각이 얼마나 중요한 감각인지는 제가 따로 설명하지 않아도 되겠죠.

이 정도로 중요한 기능을 하는 신경세포 집단이 뇌가 아니라 뇌에서 멀리 떨어진 장에 있다니 참으로 놀라운 일이 아닐 수 없습니다. 그래서 어떤 학자들은 장 신경계를 '제 2의 뇌'라고 부르기도 한답니다. 장 신경계는 뇌와 멀리 떨어져 있지만 서로 활발하게 의사소통을 합니다.

여러분들도 긴장하거나 스트레스를 받으면 소화가 잘 안 되고 메스꺼움을 느낀다거나 배가 아픈 경험을 해 보신 적이 있으시죠? 아, 없으시다고요? 그런데 사실 저처럼 예민한 사람은 그런 경험을 많이 합니다. 우리가 보통 '신경을 많이 쓴다'는 표현을 하는데, 실제로 '신경 쓸' 일이 많아지면 소화에 쓰여야 할 피와 에너지를 뇌에서 많이 가져다 쓰기 때문에 위나 장의 운동량이 줄어들기도 하고 뇌가 장 신경계에 명령을 보내서 장을 수축하게 만들기도 합니다. 그래서 '사촌이 땅을 사면 배가 아프게 되는' 것이죠. 이처럼 뇌가 다른 신체 장기들과 밀접하게 소통하고 있으니까 우리 몸과 뇌를 분리할 수 없다는 말도 틀린 말은 아닙니다.

그런데 말입니다. 여기서 간과하고 있는 사실이 하나 있습니다. 바로 우리 뇌가 환경의 변화에 아주 쉽게 적응하는 능력을 가지고 있다는 사실입니다. 미국 피츠버그대학교의 앤드류 슈왈츠<sup>Andrew Schwartz</sup> 교수는 뇌와 기계를 연결하는 뇌-기계 인터페이스 분야의 세계적인 대가입니다. 2000년대 중반, 슈왈츠 교수 연구팀은 원숭이의 오른쪽 운동영역에 백여 개의 바늘 모양 전극이 촘촘하게 꽂혀 있는 마이크로칩을 삽입하고 전극에서 읽어 들인 신호를 실시간으로 분석해서 로봇팔을 움직이는 데 성공했습니다. 원숭이의 실제 왼팔은 묶어 놓고 원숭이가 팔을 움직이려고 시도하면 로봇팔이 움직이도록 만들었죠. 몇 주가 지나자 원숭이는 로봇팔을 자유자재로 움직여서 앞에 놓인 먹이를 집어 먹을 수 있게 됐습니다.

그런데 이때 예상치 못한 재미난 현상이 관찰됐습니다. 먹이를 다 집어 먹은 뒤 지저분해진 로봇 손끝을 자신의 실제 손인 양 혀로 핥아서 깨끗하게 청소하는 모습이 관찰된 거죠. 훈련 기간 동안 자신의 팔 대신에 로봇팔을 쓰다 보니 로봇팔을 마치 자신의 팔인 것처럼 인식하게 된 것입니다. 이런 현상을 전문적인 용어로 '체화<sup>embodiment</sup>'라고 부릅니다.

박사과정 4년 차 때 일본에 있는 정보통신연구기구<sup>NICT</sup>라는 곳에서 두 달간 연수를 받은 적이 있습니다. 같은 연구소의 이웃 연구실에서 연구하고 있던 주제 중에 재미난 것이 있었는데요. 연구원 한 명이 특수한 안경을 만들었는데 이 안경을 쓰면 원래 오른쪽 눈에 들어오는 영상은 뒤집어서 왼쪽 눈에 보이고 왼쪽 눈에 들어오는 영상은 뒤집어서 오른쪽 눈에 보이게 됩니다. 쉽게 말해 좌우가 바뀌어 보이는 거죠.

이 연구원은 실험에 참가한 피험자에게 이 안경을 착용한 상태로 자전거를 타보게 했습니다. 그랬더니 원래 자전거를 잘 타던 피험자가 불과 5미터도 못 가서 쓰러졌습니다. 그런데 그 피험자에게 안경을 쓴 상태로 2주 동안 생활하게 했더니 안경을 쓰기 전처럼 자전거를 아주 잘 탈 수 있게 됐습니다. 그런데 그 피험자에게 다시 안경을 벗고 자전거를 타게 했더니 어떤 일이 일어났을까요? 다시 5미터도 못 가서 쓰러졌습니다. 그 후로 그 사람이 다시 자전거를 잘 탈 수 있게 되기까지는 또 다른 2주의 시간이 필요했습니다. 정말 극한 직업, 아니 극한 실험이죠?

제가 말씀드린 두 가지 사례는 모두 우리의 뇌가 얼마나 환경에 잘 적응하는지를 보여주고 있습니다. 우리의 신체 장기와 뇌는 분명히 밀접하게 소통하고 있지만 달라진 장기에 우리의 뇌는 생각보다 빠르게 적응할 수 있습니다. 마치 원래부터 우리가 갖고 있었던 신체의 일부인 것처럼 말이죠. 따라서 저는 우리의 뇌만 온전히 남아 있다면 전신이 기계로 대체된다고 하더라도 '인간'으로 볼 수 있다고 생각합니다. 우리의 마음은 심장에 있는 것이 아니라 뇌 속 깊은 곳에 자리 잡고 있기 때문입니다.

〈리미트리스limitless〉라는 영화에선
특정한 약물을 복용하면 사람의 뇌를
100% 사용할 수 있다는 설정이
등장하는데요.
가능한 일일까요?

2019년 11월 11일, 문화콘텐츠진흥원

영화 〈리미트리스〉의 주인공 에디 모라(브래들리 쿠퍼)는 NZT라는 신약을
복용한 후 무능력했던 원래와는 완전히 다른 능력을 발휘하기 시작한다.

네, 저도 그 영화 재미있게 봤습니다. 나중에 드라마로도 만들어졌었죠. NZT라고 하는 이름을 가진 투명한 알약을 복용하면 12시간 동안 모든 뇌세포를 다 활용해서 몇 시간 만에 언어를 익히고, 보고 들은 것을 다 기억하는 것은 물론 어려운 의학 서적도 하룻밤 새에 다 읽어버리죠.

제가 강연을 다니면서 많이 받는 질문 중 하나가 "왜 사람은 뇌의 10%밖에 못 쓰는 걸까요?"인데요. 결론부터 말씀드리자면 전혀 근거 없는 낭설입니다. 저도 왜 이런 근거 없는 이야기가 널리 퍼지게 됐는지는 도통 모르겠는데요. 사실 우리 인간은 이미 뇌를 100% 사용하고 있습니다. 특정한 행동이나 생각을 할 때, 뇌의 어떤 영역이 특별히 더 많이 활동하는 경우는 있을 수 있지만 뇌의 모든 영역은 분명히 활동하고 있습니다.

우리의 뇌는 철저하게 '용불용설(많이 쓰면 발달하고 쓰지 않으면 퇴화한다는 이론)'을 따르고 있습니다. 이게 무슨 이야기냐면요. 특정한 신경세포가 많이 활동하면 그 신경세포와 연결된 시냅스의 연결 강도가 강해지고 신경세포의 수초화myelination가 일어납니다. 여기서 수초화란 신경세포의 길게 뻗은 축삭돌기에 수초라는 일종의 덮개가 덮여서 신경신호의 전파 속도가 빨라지는 현상입니다. 그렇다면 사용하지 않는 신경세포가 있다면 어떻게 될까요? 그 신경세포와 연결된 시냅스의 연결 강도는 약화되고 신경세포의 기능이 퇴화하거나 다른 기능을 하는 세포로 바뀌게 될 것입니다. 제한된 에너지로 동작해야 하는 우리의 뇌 안에 전혀 쓰지도 않는 신경세포가 에너지를 '낭비'하도록 남겨 둘 이유가 없겠죠. 다시 말해 우리 뇌에 살아남아 있는 모든 신경세포는 지금 현재 쓰이고 있는 세포라는 이야깁니다.

이 '10% 이론'이라는 것이 언제 어디서 시작됐는지는 확실치 않지만 기능적 자기공명영상을 이용해서 촬영한 우리 뇌의 활동 영상을 보면 뇌 전체 면적의 10% 정도만 활동하는 것처럼 보이기는 합니다. 그런데 사실은 기능적 자기공명영상의 활성도 그림을 그릴 때, 보통은 최댓값 대비 10%나 20%와 같은 기준치를 정해 놓고 이 기준치 이상의 활성도를 가지는 뇌 영역만을 선택해서 보여주거든요. 무슨 말이냐면, 뇌 영상 그림에서 활동을 하지 않는 것처럼 보이는 뇌 영역도 사실은 미약하게나마 활동을 하고 있다는 이야기입니다.

물론 이런 미약한 뇌 활동을 무시할 수 있다고 가정한다면 특정한 시점에서 전체 뇌 영역의 일부만 쓰고 있다고 할 수는 있겠습니다. 그렇다면 과연 특정한 시점에서 전체 뇌 영역이 동시에 활동할 수 있기는 한 걸까요?

계속해서 등장하는 이야기지만 우리의 뇌는 제한된 에너지를 이용해서 작동합니다. 전기 에너지로 환산해 보면 형광등을 겨우 켤 정도의 작은 에너지이지만 뇌는 우리 몸 전체가 사용하는 에너지의 무려 20%나 쓰고 있습니다. 만약 평상시에 우리 뇌의 10%만 활동하고 있다고 가정한다면 영화나 드라마에서처럼 우리 뇌의 100%를 사용하기 위해서는 우리 몸 전체가 쓰는 에너지의 2배의 에너지가 필요하다는 이야기가 됩니다. 뇌가 신체의 에너지를 전부 가져다 쓰면 심장은 어떻게 뛰고 호흡은 어떻게 하나요?

그런데 평상시보다 우리 뇌가 극도로 활성화되는 경우가 딱 2가지가 있습니다. 첫 번째는 뇌전증epilepsy이라는 뇌질환에 걸린 경우입니다. 과거에는 '간질'이라고 불렀던 질환인데요. 이 병의 가장 전형적인 증상은 예상치 못한 순간에 갑자기 발작을 일으키는 것입니다. 발작을 일으키게 되면 많은 경우에 정신을 잃고 쓰러져서 몸과 사지를 비틀거나 경련을 일으킵니다.

뇌전증 환자들 중에는 발작을 일으키는 특정한 뇌 부위가 정해져 있는 경우가 있어 그 부위를 찾아 수술로 제거하여 치료하는 사례가 많습니다. 신경외과에서는 이 부위를 찾기 위해서 두개골을 절개하고 뇌에 전극을 삽입하는데요. 뇌에 전극이 삽입된 상태에서 환자가 발작을 일으킬 때 뇌에서 일어나는 현상을 아주 자세하게 관찰할 수 있습니다.

발작 때 측정한 뇌파를 분석해 보면 놀랍게도 뇌의 작

은 부위에서 평상시보다 몇 배나 더 강한 신경전류가 발생을 합니다. 굳이 비유하자면 신경세포가 미쳐 날뛰고 있는 겁니다. 그런데 이런 신경세포의 '폭주'는 시냅스와 신경섬유 다발을 타고 이웃하는 신경세포들로 빠르게 퍼져 나갑니다. 잔잔한 호수 한 가운데에 커다란 돌맹이를 하나 던지면 물결이 전체 호수로 퍼져 나가는 것과 비슷하다고 생각하면 됩니다. 이러한 신경세포의 과도한 흥분이 전체 뇌로 퍼지면 정상적인 뇌기능과 신체기능이 마비되고 발작이 일어나게 되는 거죠.

인간이 죽음을 맞이하기 직전에도 우리 뇌가 극도로 활성화되는 것을 관찰할 수 있습니다. 최근 뇌과학자들의 연구에 따르면 죽음을 맞기 직전 20~30초의 시간 동안 뇌 전체 영역에서 고차 인지기능과 관련된 뇌 활동이 폭발적으로 관찰된다고 합니다. 죽기 직전까지 갔다가 다시 살아난, 소위 '임사체험'을 한 사람들의 증언에 따르면 일생동안 보고 배우고 느꼈던 모든 기억이 주마등처럼 스쳐 지나갔다고 표현하는 경우가 많습니다.

어릴 적부터 현재까지의 모든 기억들은 우리 대뇌의 다양한 부위에 흩어져서 저장이 됩니다. 그도 그럴 것이 장기기억을 저장하는 뇌의 특정한 부위가 존재한다면 그 부위가 손상될 경우 모든 기억을 잃어버리게 될 테니까요. 대뇌 전역에 흩어져 저장돼 있는 모든 기억들이 순간적으로 떠올랐다는 것은 우리 뇌의 모든 부분에서 동시다발적인 활동이 일어났음을 의미하는 것입니다.

2013년 미시간대학교의 지모 보르지긴<sup>Jimo Borjigin</sup> 교수 연구팀이 쥐를 대상으로 실시한 실험 결과는 매우 흥미롭습니다. 다소 잔인해 보이기는 하지만, 연구팀은 뇌파를 측정하면서 쥐를 희생시키는 방법을 시도했습니다. 인위적으로 쥐의 심장을 멈추게 한 뒤 뇌파를 관찰해 봤더니 뇌파가 완전히 사라져서 뇌사상태에 빠지기 20~30초 전 무렵에 쥐가 깨어 있을 때보다 훨씬 더 강력한 감마파(뇌파에서 30Hz에서 70Hz 주파수 성분)가 관찰됐습니다.

일반적으로 감마파는 고차 인지과정을 수행할 때 발생하는 뇌파입니다. 숨을 거두기 전에 뇌의 많은 부분에서 폭발적인 인지과정이 나타난다는 사실을 증명해주는 실험 결과죠. 이처럼 뇌의 거의 모든 영역이 100%에 가까운 활동성을 보이는 사례는 뇌전증에서 발작을 일으킬 때나 죽음을 맞이하기 직전처럼 다소 극단적인 사례밖에 찾을 수 없습니다.

이번에는 조금 다른 측면에서 살펴보겠습니다. 최근 뇌-기계 인터페이스 분야 기술이 발전하면서 머릿속에 삽입한 미세전극이 배열된 칩<sup>microelectrode array</sup>을 이용해서 생각만으로 마우스 커서를 움직인다거나 로봇팔을 조종해서 물건을 들어 올리는 것이 가능해졌습니다.

사지마비 환자의 머릿속에 이식한 미세전극 배열 칩은 보통 그 위치가 대뇌 피질의 운동영역 위에 단단하게 고정이 돼 있습니다. 그런데 실제로 이 장치를 이식한 환자들이 뇌-기계 인터페이스 기술을 이용할 때는 우리가 지문을 등록하듯이 자신의 뇌파 신호를 컴퓨터 데이터베이스에 등록하는 과정을 매번 거쳐야 합니다. 팔을 이리저리 다양하게 움직이는 상상을 하면서 그때 발생하는 뇌파를 기록하는 훈련 과정을 장치를 사용할 때마다 매번 해 줘야 한다는 겁니다. 미세전극 배열 칩을 사용하면 뇌 표면에 바늘 형태의 전극을 삽입해서 아주 높은 해상도로 뇌 활동을 측정할 수 있는 정도에 이르렀는데 뇌파의 패턴은 왜 매번 다시 등록해야 하는 걸까요?

흥미롭게도 똑같은 행동을 상상하더라도 활동하는 신경세포의 패턴이 매일매일 달라지기 때문입니다. 예를 들어 어제 오른팔을 움직이는 생각을 했을 때는 1번, 5번, 12번, 32번 신경세포가 활동을 했다면, 오늘 똑같이 오른팔을 움직이는 생각을 하더라도 2번, 8번, 19번, 55번 신경세포가 활동을 하는 식입니다. 아니, 똑같은 행동을 상상하는데 왜 반응하는 신경세포가 매번 달라지는 거죠?

뇌과학자들은 이와 같은 현상을 뇌가 가진 일종의 자기보호 메커니즘으로 설명합니다. 만약에 어떤 사람이 오른팔을 들어 올리는 데 필요한 신경세포가 1번, 8번, 18번, 30번

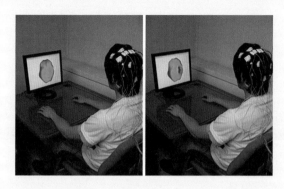

뇌에 전극을 연결해 컴퓨터와 소통하도록 하는 뇌-기계 인터페이스 기술이
발달하고 있다.

밖에 없는데 갑자기 사고로 인해서 18번 신경세포가 죽어버
렸다고 가정합시다. 그러면 그때부터 그 사람은 더 이상 오른
팔을 들어 올리지 못하게 되는 겁니다. 그런데 사실은 오른팔
을 들어 올릴 수 있는 신경세포 패턴이 이것 이외에 4번, 9번,
29번, 52번도 있고 8번, 11번, 60번, 90번도 있다면 18번 신
경세포가 없더라도 다른 패턴을 이용해서 오른팔을 들어 올릴
수가 있게 되는 거죠. 뇌는 이런 '백업<sup>backup</sup> 패턴'을 여러 개
만들어 놓고 돌려가면서 쓰고 있는 겁니다.

　　언뜻 보기에는 이런 메커니즘이 비효율적으로 보일 수
도 있겠지만 한 번 사멸한 신경세포는 되살아날 수 없기 때문
에 뇌의 입장에서는 당연히 이런 보호장치가 필요한 것입니
다. 그래서 다른 관점으로 본다면 뇌가 하나의 기능을 수행하

기 위한 신경세포의 조합을 중복해서 여러 개 만들어 두었기 때문에 뇌의 100%를 쓰는 것은 애초부터 불가능한 것입니다.

지금까지 살펴본 바와 같이 "인간이 뇌의 10%밖에 쓰지 않고 있다"는 말은 잘못된 믿음입니다. 다르게 말하자면, 우리의 노력 여하에 따라 우리 뇌를 더욱 발달시킬 수 있으니 그만큼 뇌를 많이 쓰기 위해 노력하라는 뜻으로 받아들이면 될 것 같습니다.

우리 머리에 다른 누군가의 뇌파를
흘려준다면 어떤 일이 생겨날까요?
예전에 엠씨***라는 장치가
인기가 있었던 적이 있는데
그 기계는 진짜 작동하는 건가요?

2017년 11월 30일, LG경제연구소

선생님께서 하신 질문과 비슷한 생각을 한 뇌과학자가 사실 많이 있습니다. 뇌파를 전류 형태로 머리에 흘려주는 시도를 한 사람도 있고요. 뇌파를 소리 형태로 바꿔서 들려주는 시도를 한 사람도 있습니다. 결론부터 말씀드리자면 그냥 어떤 사람의 뇌파를 전기신호로 흘려주거나 소리로 바꿔서 들려준다고 해서 특별한 현상이 관찰되지는 않습니다.

하지만 특정한 주파수를 가진 교류 전류를 머리에 흘려주거나 특정한 주파수의 소리를 들려줌으로써 뇌 상태를 변화시키는 것은 가능성이 있는 시도입니다. 질문하셨던 '엠씨***'라는 이름의 학습 보조장치가 20~30년 전에 우리나라에서 선풍적인 인기를 끈 적이 있었습니다.

원리는 간단합니다. 특정한 주파수의 소리를 들려주거나 눈앞에 특정한 주파수로 깜빡이는 빛을 쬐어 주면 뇌파를 조절해서 공부에 적합한 상태의 뇌로 바꿔주거나 깊은 잠에 들 수 있는 편안한 뇌 상태로 바꿔준다는 겁니다. 한동안 인기를 끌다가 최근에는 우리 관심에서 사라졌는데요. 20년 전 당시에도 과학적이다 비과학적이다 하는 말이 많았죠.

특정한 주파수의 소리를 듣거나 특정한 주파수로 깜빡이는 시각 자극을 보면 우리 뇌의 청각영역이나 시각영역이 활동하게 됩니다. 그런데 이 활동이 때로는 특정한 주파수의 뇌파를 만들어 낼 수 있습니다. 특히, 시각의 경우에는 특정한 주파수로 깜빡이는 빛을 계속해서 바라보면 우리 대뇌의 시각피질에서 같은 주파수의 뇌파가 많이 발생하게 되는데요. 이런 뇌파를 전문용어로 정상상태시각유발전위SSVEP라고 부릅니다. 이처럼 뇌파의 상태를 인위적으로 바꿀 수 있기는 합니다. 그런데 문제는 그렇게 인위적으로 유도한 뇌파가 정말 우리의 뇌 상태에 영향을 주는가 하는 것은 아직 논란의 대상이고 증거가 많지는 않습니다.

청각의 경우에는 상대적으로 연구가 많이 되고 있는데요. 신기하게도 우리 뇌는 아무 주파수의 소리에나 반응하

엠씨*** 광고

는 것이 아니라 유독 40Hz(초당 40회)의 주파수를 가진 소리에만 강하게 반응합니다. 40Hz의 주파수로 "뚜뚜뚜뚜….'하는 소리를 들려주면 우리 뇌에서 청각정상상태반응^ASSR이라고 불리는 40Hz 주파수를 가진 뇌파가 발생을 합니다. 다른 주파수도 아니고 왜 꼭 40Hz인 이유에 대해서는 아직 그 누구도 밝혀내지 못하고 있습니다. 우리 뇌는 정말 신비하죠?

그런데 청각정상상태반응이라는 뇌파는요. 조현병^schizophrenia과 같은 특정한 정신질환을 가진 환자에게서는 잘 관찰이 안 되는 경향이 있습니다. 그래서 정신질환 진단을 위해서 쓰이기도 합니다. 그런가 하면요. 최근 연구결과에 따르면 쥐에게 40Hz의 소리를 계속해서 들려줬더니 알츠하이머 치매와 관계가 있는 베타 아밀로이드 플라크가 감소하는 현상도 관찰됐다고 합니다. 역시나 왜 그런지 이유는 아직 아무도 모릅니다. 아직 밝혀내야 할 뇌의 신비가 너무나도 많죠.

　　그런가 하면 '바이노럴 비트binaural beat'라고 불리는 현상도 있습니다. '바이노럴binaural'이라는 단어는 둘(2)을 뜻하는 'bin'과 '청각의'라는 뜻의 'aural'을 합한 합성어입니다. 우리말로 '두 귀의', '양이兩耳의'라는 뜻이죠. 양쪽 귀에 어떤 소리를 들려준다는 뜻입니다.

　　우리 귀는 700Hz의 주파수로 진동하는 소리와 710Hz의 주파수로 진동하는 소리를 구별할 수 있을 정도로 정교하지 않습니다. 그런데 헤드폰을 쓴 상태에서 오른쪽 귀에는 700Hz, 왼쪽 귀에는 710Hz의 진동음을 들려주면 신기하게도 머릿속에 두 주파수의 차이에 해당하는 10Hz의 낮은 주파수를 가진 진동음이 들립니다. 이 소리를 바이노럴 비트라고 합니다.

　　여러분들도 인터넷에서 검색해 보시면 바이노럴 비트 음원을 쉽게 찾으실 수 있습니다. 다만 꼭 양쪽 귀에 스테레오 헤드폰을 착용하고 소리를 들어야 합니다. 그런데 이 바이노럴 비트라는 소리는 뇌 속 깊은 곳에서 만들어지는 소리입니다. 우리 뇌에서 소리를 인식하는 과정을 살펴보면 보통 청각피질auditory cortex이라고 알려져 있는 일차청각영역으로 소리 신호가 전달되기 전에 뇌간이라는 부위를 거칩니다.

아마 여러분들도 생물 시간에 배우셨을 텐데요. 뇌간은 뇌 깊은 곳에 위치하고 있고 중간뇌, 다리뇌, 숨뇌로 구성돼 있습니다. 그리고 호흡이나 심장박동과 같이 생명 활동을 유지하는 데 필요한 가장 기본적인 신체 활동을 제어하는 역할을 합니다. 양쪽 귀에서 들어온 서로 다른 진동수의 소리가 이 곳에서 합쳐지면서 두 주파수의 차이에 해당하는 새로운 소리가 만들어지는 거죠.

최근 연구들에 따르면. 특정한 주파수의 바이노럴 비트를 들으면 마음이 안정되거나 스트레스가 해소되는 효과를 얻을 수 있다고 합니다. 아직 많은 연구가 진행되지는 않아서 앞으로 더 많은 연구가 필요하기는 합니다만 아마도 뇌간이 우리의 자율신경계를 관장하고 있기 때문에 바이노럴 비트에 의해 뇌간의 기능이 조절돼서 우리 신체의 변화로 나타나는 것이 아닐까 하고 생각하고 있습니다.

그런데 이렇게 빛이나 소리를 이용해 뇌를 간접적으로 자극하지 않고 뇌에 직접 전류를 흘려서 특정한 뇌파를 유도하는 것도 가능합니다. 바로 '경두개 교류자극tACS'이라는 이름의 장치인데요. '경두개'라는 말은 두개골을 뚫고 지나간다는 의미이고 '교류'는 잘 아시다시피 특정 주파수를 가지고 시간에 따라 변하는 전류를 의미합니다.

두피 표면에 한 쌍의 전극을 붙인 다음에 특정한 주파

수, 예를 들면 10Hz의 주파수를 가진 미약한 교류를 흘려주면 10Hz 뇌파를 유도할 수 있습니다. 그런데 우리 뇌는 모든 부분이 서로 연결이 돼 있거든요. 그래서 한 부분에만 특정한 뇌파를 유도하면 다른 부분들에도 영향을 줄 수가 있습니다. 이 기술을 잘 사용하면 뇌에 생기는 다양한 질환을 치료할 수도 있고 인지기능을 변화시키는 것도 가능합니다. 예를 들어 기억력이나 집중력을 향상시키는 것도 가능하죠.

2020년 9월에는 스위스 제네바대학교의 앤 리세 지로Anne-Lise Giraud 교수 연구팀이 난독증 환자를 대상으로 경두개 교류자극을 적용한 연구결과를 발표해서 학계의 주목을 받았습니다. 난독증은 글을 잘 읽고 이해하지 못하는 일종의 발달 장애인데요. 진단이나 치료가 어려워서 성인이 되어서도 난독증을 갖고 살아가는 경우도 많습니다. 지로 교수 연구팀은 난독증을 가진 성인들 중에는 정상인에 비해 좌측 청각피질에서 30Hz 주파수의 뇌파가 감소하는 경우가 많다는 사실을 발견했습니다. 그래서 연구팀은 30Hz 주파수의 교류를 좌측 청각피질에 20분 동안 흘려줘 보았죠. 그랬더니 놀랍게도 난독증 성인들에게서 경두개 교류자극을 받기 이전에 비해 음운 정보처리 능력이나 읽기 정확도가 눈에 띄게 향상되는 현상을 관찰할 수 있었습니다. 단 20분 만에 읽기 능력이 향상된다니 정말 놀랍지 않은가요?

머리에 전류를 흘려서 뇌파를 유도할 수 있다는 사실
은 비교적 최근에 밝혀졌습니다. 저는 15년 전쯤에 이 기술에
대해서 처음 들었는데요. 처음 들었을 때만 하더라도 제 반응
은 "말도 안 돼"였습니다. 머리에 전류를 흘려서 뇌파를 유도
한다니 그때까지의 제 상식과는 너무나 거리가 있었거든요.
지금은 많은 실험 결과가 발표되기도 했고 왜 이런 교류자극
이 효과가 있는지에 대해서 여러 가지 이론도 발표되고 있어
서 사람들의 인식이 많이 변하기는 했지만 여전히 이런 기술
을 소개할 때 부정적인 반응을 보이는 분들이 많습니다. 이 분
들에게 이유를 여쭤 보면요. 그냥 왠지 모르게 유사과학처럼
보인다는 반응이 대부분입니다.

우리는 보통 우리가 잘 모르는 것이나 기존의 상식에
반하는 것에 대해 유사과학 취급을 하는 경우가 많습니다. 혹
시 영구자석으로 우리 뇌를 자극할 수 있다는 말을 들어 본 적
이 있으세요? 머리 위에다가 영구자석을 가져다 대면 우리의
뇌 활동이 변해서 뇌기능을 조절하거나 뇌질환을 치료할 수
있다고 하면 90% 이상의 분들이 '에이 말도 안 돼, 그건 유사
과학일거야'라고 반응합니다.

그도 그럴 것이 우리 인체는 자기적으로 투명하다고
배웠기 때문입니다. 실제로 영구자석이 만들어 내는 자기장은
시간에 따라서 변하지 않는 정자기장이기 때문에 우리 인체를

공기와 똑같이 투과합니다. 자기적으로는 투명인간이나 마찬가지란 이야기죠.

물론 자기장이 시간에 따라서 변한다면 이야기가 좀 달라집니다. 시간에 따라서 변하는 자기장은 패러데이의 법칙 Faraday's law에 의해 인체 내부에 유도 전류를 발생시킵니다. 인체는 자기적으로는 투명하지만 전기적으로는 투명하지 않기 때문입니다. 우리 인체는 구리나 알루미늄처럼 전류를 잘 흘리지는 못해도 분명히 전류가 흐르는 도체입니다. 인체가 부도체라면 감전사고는 절대로 발생할 리가 없겠죠. 도체인 우리 인체 내부에 유도된 전류는 다시 암페어의 법칙 Ampere's law에 의해 새로운 자기장을 만들어 냅니다. 이처럼 우리 인체는 시간에 따라 변하는 자기장에는 영향을 받습니다.

하지만 시간이 흘러도 한 치의 변화 없이 일정한 크기의 자기장을 만들어 내는 영구자석이 우리 인체에 영향을 미친다니 기존의 상식을 벗어나도 너무 크게 벗어난 거죠. 그런데 이게 정말 사실이라면 믿으시겠어요? 영구자석이 인간의 뇌를 자극할 수 있다는 사실은 2010년대에 들어와서야 밝혀지기 시작했습니다. 영구자석이 N극과 S극으로 이뤄져 있다는 것은 모두 알고 계시죠? 그런데 신기하게도 머리에 N극을 가져다 대거나 S극을 가져다 대거나에 관계없이 자석 바로 아래에 있는 뇌 영역의 활동성이 떨어지는 현상이 실험에서 관찰됐습니다.

이런 성질은 아주 유용하게 쓰일 수가 있는데요. 예를 들어 만성 통증이라는 질환이 있습니다. 몸의 특정한 부분이 이유 없이 계속해서 아픈 건데요. 실제로 그 부위에 이상이 있는 게 아닙니다. 그 부위의 감각을 담당하는 뇌 부위가 과도하게 활동을 하면 실제로 아프지 않아야 하는데 통증을 느끼는 겁니다. 그렇다면 영구자석을 이용해서 만성 통증을 어떻게 치료할 수 있을까요?

네, 영구자석을 이상이 있는 뇌 영역 위에 올려 두기만 하면 그 영역의 활동성이 떨어져서 통증의 치료가 가능합니다. 비슷한 원리로 뇌졸중, 우울증, 편두통, 뇌전증과 같은 다양한 뇌질환의 치료에 쓸 수 있다니 정말 신기하지 않으신가요? 아직까지 원리는 확실하게 밝혀지지는 않았지만 자기장이 신경세포에 있는 이온 채널의 활동성에 영향을 준다는 사실은 실험을 통해 밝혀졌습니다.

우리나라에서도 수십 년 전부터 자석이 들어가 있는 침대나 자석 목걸이 같은 제품을 어르신들이 애용하셨는데요. 당시에는 저도 "영구자석은 인체에 영향을 전혀 주지 않는데 저런 제품은 사기이고 유사과학이야"라고 비판했었습니다. 하지만 영구자석이 신경세포의 활동성을 떨어뜨린다는 사실이 밝혀졌으니 이젠 더 이상 자석을 이용하는 의료기기를 유사과

학이라고 부를 수 없게 됐습니다. 앞으로는 과학적으로 밝혀
져 있지 않다고 해서 너무 쉽게 유사과학이라는 결론을 내리
지 않았으면 좋겠습니다.

# 나이가 들면
# 뇌가 굳나요?

2019년 12월 18일 오송의료산업진흥재단

오늘 이 강의에 오신 분들은 저와 연배가 비슷하거나 저보다 많으신 분들이 대부분인데요. 당연히 나이와 뇌의 관계에 관심이 많으실 것 같습니다. 결론부터 말씀드리면 나이와 뇌기능의 변화는 당연히 상관관계가 있습니다. 여기저기 실망하시는 눈치네요. 일상에서 우리는 흔히 "나이가 드니까 머리가 굳는다"라는 표현을 사용하는데요. 실제로 나이가 들면 새로운 것을 배우려고 해도 예전만큼 쉽지가 않죠. 그래서 '공부에는 다 때가 있다'는 말도 있는 것 같습니다.

물리나 화학 분야에 노벨상이 있듯이 수학 분야에는

필즈상<sup>Fields Medal</sup>이라는 상이 있습니다. 4년마다 한 번씩 개최하는 세계 수학자 대회에서 2명에서 4명에게 수여되는 상입니다. 매년 수여하는 노벨상이 최근 들어 공동수상자가 많아지는 경향을 감안한다면 필즈상이 노벨상보다 훨씬 받기 어렵다는 말이 틀린 말은 아닌 것 같습니다. 그런데 노벨상과 달리 필즈상은 40세 미만의 수학자들에게만 수여됩니다. 왜 그럴까요?

수학계에는 이런 말이 있습니다.

"대부분의 수학자에게 최대의 업적은 자신의 박사학위 논문이다."

실제로 40세가 넘은 수학자들은 수학의 역사를 바꾸는 새로운 발견이나 증명을 하는 경우가 많지 않습니다. 역사적으로 볼 때도 수학계의 거장인 프리드리히 가우스<sup>Friedrich Gauss</sup>의 대부분의 위대한 업적은 박사학위 논문을 발표한 22세 이전에 만들어 낸 것입니다. 2020년 노벨 물리학상을 수상한 수학자 로저 펜로즈 경<sup>Sir Roger Penrose</sup>은 블랙홀의 이론적 가능성을 수학적으로 증명한 논문을 34세에 발표했습니다. 하지만 세계 최고의 수학자로 불리는 그도 50세가 넘은 뒤에는 뚜렷한 연구 성과를 발표하지 못했죠.

그렇다면 사람 뇌의 인지능력은 언제쯤 정점에 도달하는 걸까요? 2020년 10월, 프랑스 에콜 폴리테크닉의 안토니 스트릿매터[Anthony Strittmatter] 박사 연구팀은 지난 125년 동안 전 세계에서 열린 프로 체스 경기 2만 4천여 건에서 160만 개 이상의 체스 말 움직임을 분석했습니다. 프로 체스 기사가 말을 움직일 때, 가장 이상적인 말의 움직임에 대비해서 얼마나 효율적으로 움직였는지를 평가했는데요. 그 결과 사람의 인지능력은 20세까지 급격하게 상승하는 곡선을 그리다가 35세쯤에 정점을 찍고 40세 이후에는 서서히 감소하는 것으로 나타났습니다. 사실 인지능력이 떨어진다는 것이 개인의 판단 능력이나 지적 능력이 감소하는 것을 의미하는 것은 절대 아닙니다. 하지만 새로운 상황에 대한 빠르고 민첩한 적응력이나 새로운 이론을 생각해 내는 창의력 측면에서 인지능력이 떨어지는 것은 부인할 수 없는 사실인 것 같습니다. 그럼 왜 '말랑말랑'했던 뇌가 나이가 들어가면서 '딱딱하게' 굳어지는 걸까요?

우선 여러분들도 뇌에 있는 신경세포가 죽으면 다시 생겨나지 않는다는 사실은 잘 알고 계시죠. 연구에 따르면 20세가 지나면 신경세포가 매일 10만 개 정도씩 사멸한다고 알려져 있습니다. 그리고 죽은 신경세포는 재생이 안 되죠. 그런데 1998년, 이 오랜 믿음이 어쩌면 잘못된 믿음일 수도 있다는 연구결과가 발표됩니다. 미국 소크 인스티튜트[Salk Institute]의 프레드 게이지[Fred Gage] 박사 연구팀은 암으로 인해 사망한 다섯 명의 환자의 뇌를 조사하다가 놀라운 사실을 발견합니다. 해마에 있는 치상회dentate gyrus라는 부위에서 신경세포가 새롭게 생겨났다는 증거를 발견한 것이죠. 치상회는 학습과 기억에 관여하는 뇌 부위로 잘 알려져 있습니다. 게이지 교수의 논문이 『네이처』에 발표되자 많은 신경과학자들이 후속 연구에 뛰어듭니다. 비교적 최근인 2013년에는 스웨덴 캐롤린스카연구소의 요나스 프리센Jonas Frisen 교수가 새롭게 생겨나는 신경세포의 구체적인 수치까지도 발표했습니다. 프리센 교수의 연구에 따르면 20세가 훨씬 지난 성인의 해마에서도 매일 700개 정도의 신경세포가 새롭게 만들어진다고 합니다. 해마에서 새롭게 생겨나는 신경세포는 새로운 기억의 생성과 관련돼 있을 것으로 여겨집니다.

그런데 2018년, 게이지 박사와 프리센 교수의 연구결과와 완전히 상반되는 연구결과가 발표됐습니다. 미국 UCSF 신경외과의 아르투로 알바레즈-부이야Arturo Alvarez-Buylla 교수 연구팀이 성인의 해마에서는 새로운 신경세포가 거의 생겨나지 않는다고 주장한 것입니다. 알바레즈-부이야 교수는 이 연구를 위해서 태아부터 77세까지 총 59명의 뇌를 분석해서 해마 부위에 새로 생겨난 신경세포가 얼마나 많은지를 확인해 보았는데요. 13세 이후에는 해마 부위에 새롭게 생겨나는 신경세포의 숫자가 급격히 감소해서 관찰이 어려워진다는 사실을 발견했습니다.

　알바레즈-부이야 교수의 연구결과는 게이지 박사 연구팀의 첫 논문이 발표된 뒤 20년간 학계의 통념으로 자리잡았던 사실과 너무나도 달랐기 때문에 즉시 많은 반박 논문이 발표됐습니다. 2018년과 2019년에는 각각 미국 컬럼비아대학교의 마우라 볼드리니<sup>Maura Boldrini</sup> 교수 연구팀과 스페인 마드리드자치대학교의 마리아 요렌스-마틴<sup>Maria Llorens-Martín</sup> 교수 연구팀이 알바레즈-부이야 교수의 연구는 완전히 잘못된 것이며, 20세 이상의 성인에게서도 여전히 성숙하지 않은 어린 신경세포가 발견된다고 주장했습니다. 하지만 알바레즈-부이야 교수는 볼드리니 교수와 요렌스-마틴 교수 연구팀이 발견한 어린 세포들은 사실 아주 어린 시절부터 있었지만

나이든 노인이 체스를 두는 사진. 사람의 뇌는 나이가 들수록 신경가소성이 약해진다.

성숙하는 속도가 너무 느려서 새로 생겨난 세포처럼 보이는 것이라고 주장했습니다. 이처럼 해마에서 새로운 세포가 생겨나는지에 대한 논쟁은 아직 끝나지 않았습니다. 하지만 설령 해마에서 700개의 새로운 세포가 생겨난다고 해도 여전히 매일 뇌 전체에서 10만 개의 신경세포가 죽어가고 있다는 사실에는 변함이 없습니다.

그렇다면 매일 10만 개의 뇌세포가 죽어가기 때문에 나이가 들면 인지능력이 감퇴하는 것일까요? 꼭 그렇지는 않은 것 같습니다. 왜냐면 20세부터 하루에 10만 개의 뇌세포가 죽는다고 해도 80세가 되었을 때 죽은 신경세포의 수는 겨우 22억 개밖에 되지 않기 때문입니다. 22억 개는 우리 뇌의 전체 신경세포 860억 개에 비한다면 3%에도 채 미치지 못하는 숫자죠. 그렇다면 나이가 들면 뇌가 굳는다는 표현이 왜 있는 걸까요?

앞서 간략하게 소개한 바와 같이 우리의 뇌는 신경가소성이라는 특성을 갖고 있습니다. 신경가소성이라는 말은 우리 뇌가 변할 수 있다는 것을 의미합니다. '가소성'을 한자로 풀어보면 '가可'는 허락한다는 뜻이고 '소塑'는 형체를 만든다는 뜻입니다. 즉, '형태를 바꿀 수 있는 성질'이라는 뜻이죠. 우리 뇌가 계속해서 변한다는 증거는 너무나 많습니다. 특히 장시간의 훈련을 통하면 뇌의 구조적인 변화도 생길 수 있습니다. 예를 들어 2004년 영국 킹스칼리지런던<sup>Kings College London</sup>의 안드레아 메첼리<sup>Andrea Mechelli</sup> 교수 연구팀은 영어만 말하는 사람과 영어 이외에 프랑스어나 독일어 등을 같이 배운 사람의 뇌에 어떤 구조적인 차이가 있는지를 조사해 보았습니다. 강의를 들으시는 분들도 아마 관심 있는 주제일 것 같습니다. 두 가지 언어를 쓰는 사람들은 다시 두 그룹으로 나눴습니다. 한 그룹의 사람들은 5세 이전에 제2외국어를 습득했고 다른 그룹의 사람들은 10세에서 15세 사이에 제2외국어를 습득했습니다. 메첼리 교수 연구팀은 우선 2개 언어를 쓰는 사람들이 단일 언어를 쓰는 사람들에 비해 좌측 하부 두정피질<sup>parietal cortex</sup>이 더 발달했다는 사실을 관찰했습니다. 제2외국어를 배우는 과정에서 이 부위를 더 많이 사용했기 때문에 뇌에 구조적인 변화가 나타난 것입니다. 더욱 재미난 사실은 제2외국어를 일찍 배운 사람들이 늦게 배운 사람들에 비해 좌측 하부 두정피질의 부피가 더 컸다는 것입니다. 나이가 들어가면서 신경가소성이 약화된다는 증거로 볼 수 있지요.

이처럼 뇌의 구조적인 변화는 오랜 시간에 걸쳐서 일어나는 것 같지만 겨우 한 달 남짓한 기간에도 뇌의 구조가 바뀔 수 있다는 연구결과도 있습니다. 2009년 영국 옥스포드대학교의 얀 숄츠<sup>Jan Scholz</sup> 교수 연구팀은 24명의 학생들에게 하루에 30분씩 6주 동안 저글링<sup>juggling</sup>을 훈련하게 했습니다.

여러분들 저글링이 뭔지 아시죠? 공 여러 개를 동시에 공중에 던지고 받는 묘기죠. 보통은 공 3개로 하는 저글링도 어려워 합니다. 사실 그게 정상이기도 합니다. 저글링을 잘 하려면 시 각기능과 운동기능이 조화를 이뤄야만 하기 때문에 많은 훈 련이 필요하죠. 그런데 대부분의 사람들은 몇 주 정도 꾸준히 연습하면 공 3개로 하는 저글링쯤은 충분히 잘 할 수 있게 된 다고 합니다. 숄츠 교수 연구팀은 저글링을 6주간 연습한 24 명의 학생들과 연습하지 않은 24명의 학생들의 뇌에서 일어 난 변화를 MRI를 이용해서 관찰해 보았습니다. 예상처럼 저 글링을 연습하지 않은 학생들의 뇌에는 아무런 변화가 없었지 만 저글링 훈련에 참가했던 학생들은 마루엽속고랑<sup>intraparietal</sup> <sup>sulcus</sup>이라는 부위에 있는 신경섬유 다발이 훈련 전보다 크게 증가한 것이 관찰됐습니다. 이 부위는 대뇌의 시각영역과 운 동영역을 이어주는 역할을 하는 것으로 알려져 있죠.

　　앞서 소개한 메첼리 교수의 연구에서도 볼 수 있듯이 신경가소성은 나이가 들면 점점 약해집니다. 나이가 들면 새 로운 것을 배우기 위해 똑같은 시간을 투자해도 어릴 적에 비 해 배우는 속도가 느린 이유죠. 하지만 나이가 든다고 해서 신 경가소성이 완전히 사라지는 것은 아닙니다. 흔히 뇌의 신경 가소성을 운동을 통해 근육을 발달시키는 과정에 비유하는데 요. 나이가 들면 똑같은 운동을 해도 젊을 때보다 근육 발달이 잘 되지 않지만 꾸준히 운동을 해 온 사람들은 나이가 들어서도 젊은 시절의 근육을 유지할 수 있죠. 우리 뇌도 꾸준한 훈련을 통해서 얼마든지 젊을 때의 뇌기능으로 회복하는 것이 가능합니다.

2013년 미국 UCSF의 호아킨 앙구에라 Joaquin Anguera 교수 연구팀은 60세 이상의 노인들을 대상으로 '뉴로레이서 Neuroracer'라는 3차원 레이싱 게임을 4주 동안 난이도를 조금씩 높여가며 연습시켜 보았습니다. 4주가 지나자 훈련을 하기 전보다 거의 대부분의 노인들이 다양한 인지능력이 향상된 것으로 보고됐는데요. 특히 노인들의 멀티태스킹 능력(여러 가지 과제를 동시에 수행할 수 있는 능력)은 게임을 통한 훈련 이후에 10대 수준으로 회복됐고 6개월이 지난 뒤에도 유지가 됐다고 합니다. 나이가 들면 신경가소성이 약해지기는 하지만 뇌를 꾸준히 훈련하면 '늙지 않는 뇌'를 가질 수 있다는 이야기입니다. 여러분들도 가정과 직장에서 꾸준히 뇌를 쓰는 훈련을 해 보시길 바랍니다. 치매에 걸리지 않는 건강한 뇌를 만드는 비결입니다.

BRAIN

제2부

브레인 2.0,
다른 두뇌의 가능성,
인공지능

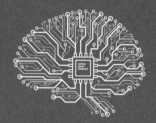

# Brain-AI Interfaces

# 인공지능의 끝없는 진화

여러분, 우리는 지금 인간의 뇌와 인공지능을 결합하는 주제로 이야기를 나누고 있습니다. 지금까지 인간의 뇌 이야기를 했으니 이제 인공지능으로 화제를 한번 전환해 볼까요?

우리 인간 뇌의 진화는 아주 천천히 진행되고 있어서 거의 멈춰 있는 것이나 마찬가지이지만 지금 이 시간에도 인공지능은 아주 빠르게 진화하고 있습니다. 특히 인공지능은 제한된 양의 에너지로만 작동해야 하는 인간의 뇌와는 달리 무한한 확장성을 갖고 있습니다. 인공지능을 구현하는 하드웨어와 소프트웨어가 모두 빠르게 발전하다 보니 여러 분야에서 인공지능이 인간을 뛰어넘는 일이 심심치 않게 일어나고 있습니다.

가장 대표적인 사건이 바로 지난 2016년 전 세계를 떠들썩하게 했던 '알파고' 이벤트입니다. 잘 아시는 바와 같이 구글Google의 자회사인 딥마인드가 만든 바둑 인공지능 프로그램인 알파고가 당시 바둑 세계챔피언이었던 이세돌을 상대로 4대1의 압도적인 스코어로 승리를 거둔 사건이죠. 이 이벤트 하나로 구글은 인공지능 분야에서 세계 최고의 회사로 자리매김하게 됩니다.

그런데 사실 알고 보면 알파고 이전에도 인간을 상

2016년 3월에 열린 알파고와 이세돌의 대국은
알파고의 4대1 승리로 마무리됐다.

대로 승리를 거둔 인공지능은 이미 여럿 있었습니다. 알파고 이벤트가 있기 20여 년 전인 1997년에 미국 IBM 사의 슈퍼컴퓨터인 '디퍼 블루Deeper Blue'가 체스 세계챔피언인 가리 카스파로프Garry Kasparov를 상대로 승리를 거뒀습니다.

체스 분야에서 가리 카스파로프는 전설이나 다름없습니다. 카스파로프는 사람을 상대로 한 체스 경기에서 무려 90%대의 승률을 기록했고 세계 랭킹 1위를 100달 넘게 유지했다고 합니다. 그런 카스파로프가 인공지능에 패배를 당한 뒤 분을 참지 못하고 경기장을 박차고 나오는 장면은 지금까지도 인공지능과 인간의 대결을 이야기할 때 빠지지 않고 등장하고 있죠. 그런데 사실 디퍼 블루는 진정한 의미의 인공지능이라고 보기 어렵습니다. 슈퍼컴퓨터의 엄청난 계산 능력을 이용해서 앞으로 나올 말들의 움직임을 모두 테스트했기 때문에 정말 '지능'을 이용했다고 보기는 어렵습니다.

2011년에는 디퍼 블루의 후배라고 할 수 있는 IBM의 슈퍼컴퓨터 '왓슨Watson'이 미국에서 가장 오래된 퀴즈 프로그램인 '제퍼디Jeopardy'에 등장해서 역대 최대 우승자와 최다 상금 수상자를 상대로 승리를 거둡니다. 왓슨은 자연어를 이해하도록 만들어진 인공지능이기 때문에 이 대결에서는 정말 인간이 인공지능에게 패배를 당했다고 볼 수 있겠네요. 왓슨은 최근 들어 의료나 법률 분야에도 많이 적용되고 있고 의료 진단용 왓슨은 우리나라에도 이미 들어와 있습니다.

하지만 제가 지금까지 소개한 인공지능은 모두 특정한 게임이나 응용을 위해 개발된 일종의 프로그램입니다. 윈도우즈나 오피스와 다르지 않다는 이야기죠. 사람이 인공지능의 구조를 설계하고 데이터를 집어넣어 학습시키지 않으면 인공지능이 스스로 학습할 수 있는 능력은 갖고 있지 않습니다. 이러한 인공지능을 흔히 '약인공지능$^{\text{Weak AI}}$'이라고 부릅니다.

약인공지능과는 대조적으로 인공지능 스스로가 신경망 구조를 설계해서 데이터를 수집한 다음 자율적으로 학습할 수 있는 인공지능을 '강인공지능$^{\text{Strong AI}}$'이라고 부릅니다. 하나의 인공지능 구조로 다양한 문제를 해결하기 때문에 '범용 인공지능'이라고도 부릅니다. 좀 더 쉽게 설명하자면 강인공지능은 "알파고가 바둑의 고수가 된 뒤 갑자기 체스를 두고 싶어져서 스스로 체스를 학습할 수 있는 신경망 구조를 설계하고 인터넷을 뒤져 체스의 기보를 학습한 다음 체스의 고수가 되는 것"이라고 이해하시면 되겠습니다. 물론 이런 인공지능은 아직 현실에서는 존재하지 않습니다.

인공지능은 많은 분야에서 인간을 뛰어넘거나 인간을 따라잡는 것을 목표로 발전을 거듭하고 있습니다. 인공지능이 많이 활용되는 분야 중에 '챗봇Chatbot'이라는 것이 있습니다. 텍스트나 음성으로 인간과 대화하는 소프트웨어를 의미합니다. 여러분의 스마트폰에 들어 있는 '시리Siri'나 '빅스비Bixby'같은 대화형 인공지능 비서도 일종의 챗봇입니다. 요즘 가정에 많이 보급된 음성명령이 가능한 블루투스 스피커도 역시 챗봇이라고 할 수 있죠.

사실 챗봇의 역사는 상당히 오래됐습니다. 1966년 MIT에서 상담치료를 목적으로 만든 '엘리자ELIZA'라는 프로그램이 최초의 챗봇으로 불립니다. 엘리자는 전문가 시스템expert system이라는 기술로 구현된 챗봇입니다. 사람이 던질 수 있는 모든 질문을 미리 예상해서 각각에 대한 답변을 만들어 놓고 실제로 그 데이터베이스에 있는 질문에 대해서만 답변을 하도록 만들어 둔 겁니다. 그럼 데이터베이스에 없는 질문이 들어오면요? "무슨 말씀이신지 모르겠습니다"라고 답변하는 거죠.

그렇다면 엘리자는 과연 인공지능일까요? 사실 엘리자는 수많은 조건문conditional statement으로 만들어진 프로그램입니다. 컴퓨터과학에서 조건문이란 특정 조건이

참인지 거짓인지에 따라 다른 명령을 수행하게 하는 명령문을 뜻합니다. 사람이 모든 조건을 미리 프로그래밍하기 때문에 스스로 학습하는 인공지능과는 거리가 멉니다. 실제로 엘리자는 데이터베이스에 없는 질문에 대해서는 전혀 답할 수가 없습니다. 시리나 알렉사도 어순을 바꿔 말한다거나 은유적인 표현을 쓰면 엉뚱한 답을 내놓기 마련이죠. 하지만 최근 들어 자연어를 인식하고 스스로 문장을 생성하는 기술이 개발되고 있기 때문에 대화 상대가 누구인지 모르는 상황이라면 챗봇을 진짜 사람으로 착각하는 일이 생길 수도 있을 겁니다.

실제로 인공지능 챗봇이 얼마나 인간에 가까워졌는지를 평가하는 방법이 있습니다. 바로 '튜링 테스트 Turing test'라고 하는 방법인데요. 튜링 테스트는 영화 〈이미테이션 게임〉의 실제 주인공이기도 한 영국의 수학자 앨런 튜링Allen Turing이 1950년에 제안한 테스트입니다.

튜링 테스트는 관찰자가 보이지 않는 상대와 텔레타이프 같은 기계로 대화를 텍스트로 주고받는 상황에서 상대가 인간인지 인공지능인지를 구별하지 못하면 성공하는 테스트입니다. 기계가 얼마나 인간과 유사하게 대화할 수 있는지를 평가하는 것이죠. 튜링은 『마인드Mind』라는 학술지에 발표한 논문에서 인간과 컴퓨터가 5분간 대

〈이미테이션 게임〉에서 베네딕트 컴버배치가 앨런 튜링 역을 맡았다.

화할 때 컴퓨터의 대답 중 30% 이상이 인간의 대답 수준과 차이가 없다면 컴퓨터가 인간의 수준에 도달한 것이라고 봤습니다(튜링 테스트 대회에서는 심사위원 중 30% 이상이 채팅을 나눈 상대방 챗봇을 진짜 사람으로 생각하면 통과한 것으로 간주하기도 합니다). 테스트가 만들어진 1950년 이후로 무려 64년간 어떤 기계도 이 테스트를 통과하지 못했습니다.

그러다가 튜링이 사망한 지 정확히 60년이 된 지난 2014년 6월 7일, 영국왕립학회는 '유진 구스트만Eugene Goostman'이라는 이름을 가진 컴퓨터 프로그램이 최초로 튜링 테스트를 통과했다고 공식적으로 발표했습니다. 유진 구스트만과 대화를 나눈 심사위원 중 33%가 유진 구스트만을 진짜 인간이라고 판단해 통과 기준치인 30%를 가까스로 넘은 거죠.

사실 저도 유진 구스트만과 대화를 나눠보고 싶었지만 아쉽게도 사이트에는 현재 '곧 돌아오겠어!I'll be back!'라는 문장만 남아 있습니다. 제가 직접 대화를 나눠보지는 못했지만 실제로 유진 구스트만과 대화를 나눈 심사위원의 증언에 따르면, 구스트만은 채팅창에 "안녕, 나는 우크라이나에서 온 13살 소년 유진 구스트만이라고 해"라는 말로 채팅을 시작한다고 합니다.

그런데 사실 여기에 약간의 의도적인 꼼수가 숨어 있기는 합니다. 우선 구스트만이 '우크라이나 국적의 13세 소년'으로 설정돼 있어서 다소 엉뚱한 대답을 하더라도 '13세의 어린아이니까 그럴 수도 있겠지'라고 넘어가는 경우가 있었습니다. 또, 국적이 우크라이나라고 밝혔기 때문에 어법에 맞지 않는 말을 하더라도 '영어 원어민이 아니니까 그럴 수도 있지'라고 너그럽게 봐주는 경우도 있었습니다.

또한 답변이 어려운 질문을 받았을 때 교묘하게 화제를 돌리거나 하는 방식으로 의심을 피하기도 했습니다. 예를 들어, "미국 대선에서 누가 대통령으로 당선될 것 같아? 바이든이 될까? 트럼프가 될까?"와 같은 곤란한 질문을 하면, 구스트만은 이렇게 대답했습니다.

"글쎄요. 그건 좀 생각을 해 봐야 할 것 같은데요. 그나저나 제가 당신이 어디 출신인지 물어봤었나요?"

이런 의도적인 회피 전략을 만들어 넣었다는 이유로 일부 연구자들은 유진 구스트만을 튜링 테스트를 통과한 최초의 인공지능으로 보는 것에 반대하기도 합니다. 어떤 연구자들은 튜링 테스트가 아닌 새로운 인공지능 성능 검사 방법을 개발해야 한다고 주장하기도 하고 실제로 발표된 것들도 여럿 있습니다.

이처럼 여러 논란이 있기는 하지만 다양한 분야의 인공지능이 인간과 구별이 힘든 수준에 근접했다는 사실은 상당한 의미를 가집니다. 앞으로도 인공지능 연구자들은 인간의 놀라운 인지 및 판단 능력을 따라잡기 위해 계속해서 노력을 기울일 것이고 곧 많은 분야에서 인간을 뛰어넘는 인공지능을 목격하게 될 것입니다.

인간의 진화는 거의 멈춰 있는 반면 인공지능은 계속해서 진화를 거듭하고 있습니다. 앞서 살펴 본 챗봇의 사례 이외에도 페이스북에서 개발한 사람 얼굴 인식 인공지능인 '딥페이스Deep Face'는 사람의 얼굴 인식 수준을 이미 따라잡았습니다. 알파고를 만든 구글 딥마인드는 이

**'알파스타'로 불리는 인공지능 플레이어는 뛰어난 실력을 발휘하고 있다.**

제 우리나라의 국민 게임인 스타크래프트<sup>StarCraft</sup>에 도전
장을 내밀었고, '알파스타<sup>AlphaStar</sup>'라고 불리는 이 인공지
능 플레이어는 게임 스타크래프트 2에서 유명 프로게이
머들을 제치고 '그랜드 마스터' 레벨(상위 0.2%)에 등극했
다고 합니다.

　이처럼 많은 분야에서 인공지능이 인간을 따라잡
거나 뛰어넘기 시작하니 사람들이 점점 인공지능에 대한
두려움을 느끼기 시작합니다. 인공지능이 이렇게 빠른 속
도로 발전하면 가까운 미래에 영화 〈터미네이터〉나 〈매
트릭스〉에서처럼 기계가 인간을 지배하는 날이 오지 않
을까 하는 막연한 두려움이죠. 실제로 구글의 자회사인
구글 딥마인드가 바둑에서 이세돌을 상대로 승리를 거두

던 날, 기사의 댓글에는 "구글이 영화 〈터미네이터〉에서 인공지능 로봇을 개발한 회사인 '스카이넷<sup>SkyNet'</sup>이 되지 않을까?"라며 우려하는 목소리가 많았습니다.

그런데 흥미로운 사실은 이런 걱정을 하는 사람들 중에 아주 유명한 이들도 많다는 것입니다. 가장 대표적인 인물은 2018년에 타계한 영국의 천재 물리학자 스티븐 호킹<sup>Stephen William Hawking</sup> 박사입니다. 호킹 박사는 살아생전에 "인공지능이 인류에 재앙이 될 수 있으며 인류 최후의 성과가 될 수도 있다"는 경고의 말을 자주 남겼다고 합니다. 앞서 등장한 적이 있는 테슬라의 CEO 일론 머스크도 "인공지능은 핵무기보다 위험하다"며 인공지능의 위험성을 경고하고 있죠.

하지만 대부분의 인공지능 연구자들은 적어도 우리가 살아 있는 동안에는 기계가 인간을 지배하는 SF영화 속 설정이 현실이 될 가능성은 없다고 단호하게 말합니다. 왜냐하면 기계가 인간을 지배하기 위해서는 아주 어려운 조건 세 가지가 모두 만족되어야 하기 때문입니다.

우선, 완벽한 강인공지능이 만들어져야 합니다. 그 다음에는 강인공지능이 '자아<sup>self awareness</sup>'를 가져야 합니다. 마지막으로 자아를 가진 강인공지능이 인간을 지배하겠다는 욕망을 가져야 합니다. 어느 것 하나 쉬운 조건이

인공지능의 끝없는 진화

아닙니다. 일단 지금 우리는 대체 어떻게 해야 강인공지능을 구현할 수 있을 것인지에 대한 가장 초보적인 아이디어조차도 없는 상황입니다. 어찌 보면 정말 다행스러운 일이죠.

그런데 그렇다고 해서 우리가 인공지능의 놀라운 발전에 대해 아무런 대비도 하지 않아도 될까요? 그건 아니라고 생각합니다. 오른쪽의 그림을 한번 봐 주세요. 이 그림은 1800년대 초에 일어난 1차 산업혁명에서부터 지금 이슈가 되고 있는 4차 산업혁명까지 생산현장에서 일어난 변화를 보여주고 있습니다. 여러분이 보시기에는 이 그림에서 어떤 변화가 가장 눈에 띠나요?

제가 볼 때 가장 눈에 띄는 변화는 바로 생산현장에서 일하는 사람의 수가 점점 줄어들고 있다는 것입니다. 그림에서도 인력이 로봇팔로 대체되어 있죠. 그런데 사실 이런 변화는 2차 산업혁명에서 3차 산업혁명으로 넘어갈 때도 일어났습니다.

그런데 3차 산업혁명과 4차 산업혁명에서 발생하는 변화는 약간 성격이 다릅니다. 3차 산업혁명 때는 컴퓨터 제어 자동화에 의해 사람이 일일이 손으로 하던 많은 단순작업들이 기계에 의해 대체가 됐죠. 하지만 3차 산업혁명까지는 여전히 전체 시스템을 통제하는 주체가

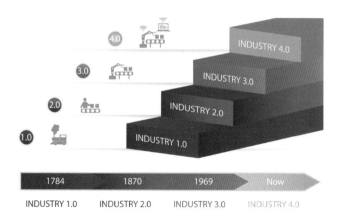

1차 산업혁명에서부터 4차 산업혁명까지 생산 현장에서 일어나는 변화

인간입니다.

　　4차 산업혁명은 다릅니다. 기계와 기계가 연결되는 사물인터넷$^{IoT}$의 발전에 힘입어 전체 생산 라인을 통제하는 주체가 더 이상 인간이 아니라 인공지능이 됩니다. 그럼 사람은 생산현장에서 무슨 일을 할까요? 시스템이 잘 돌아가고 있는지 단순히 모니터링을 하는 역할만을 담당합니다. 기존에는 단순한 작업만 기계로 대체가 되었지만 인공지능은 더 복잡한 일들도 할 수가 있게 됐습니다. 그러다 보니 인간이 하던 많은 일이 인공지능과 로봇에 의해 대체가 되고 있죠.

　　여러분, '로봇-인공지능 대체지수'라고 들어 보셨

나요? 현재의 로봇, 인공지능 기술을 기준으로 볼 때, 각 직업이 대체될 가능성이 얼마나 되는지를 수치로 나타낸 것입니다. 이에 따르면, 텔레마케터는 99%의 확률을 보이고 있고, 파쇄기계 운전기사는 97%, 약제사는 92%의 확률로 인공지능으로 대체될 것이라고 합니다. 영국 옥스포드대학교 연구팀에 따르면 현재의 기술 수준으로도 텔레마케터, 보험평가사, 현금 출납 직원, 부동산 중개인과 같은 직업의 직무 대부분을 인공지능으로 대체할 수 있다고 합니다.

그런데 인공지능 약사가 탄생할 가능성이 높다는 예측은 여러분들께 상당히 의외의 결과일 수 있을 것 같습니다. 서로 다른 약물들 사이에는 상호작용이란 게 있어서 환자가 현재 복용 중인 약물을 고려해서 조제를 해야 하기도 하고 간혹 의사가 잘못된 처방전을 보내주는 경우도 있기 때문에 약사는 꼭 필요한 직업입니다. 이뿐만 아니라 약사는 환자에게 복용법에 대한 안내라든가 약물에 대한 설명도 해 줘야 하고 조제에 대한 책임도 져야 하는 중요한 직업이죠. 게다가 우리나라만 하더라도 대한약사회라는 강력한 힘을 가진 이익단체가 있어서 인공지능 약사의 탄생을 강하게 반대할 가능성이 높습니다.

그런데, 여러분 혹시 요즘 약국에 '자동 정제 포장

기'<sup>Automatic Tablet Counter, ATC</sup>'라는 기계가 보급되고 있다는 것을 아시나요? 아직 모든 약국에 보급되지는 않았지만 약을 넣으면 알아서 포장까지 해주는 기계가 이미 시중 약국에 많이 보급돼 있습니다. 여기에 스스로 약을 찾아서 분류하고 검사하는 인공지능 기능만 넣는다면 인공지능 약사는 의외로 쉽게 만들 수 있습니다. 이 기계를 쓰면 처방약을 조제하는 시간을 많이 단축할 수 있겠죠.

실제로 일본에서는 처방 빈도가 높은 약들을 미리 기계 안에 넣어 놓고 처방전의 QR 코드를 스캔하기만 하면 약을 자동으로 포장해 주고 약이 잘 조제되었는지 확인까지 해 주는 기계가 이미 보급되고 있다고 합니다. 이 기계를 도입함으로써 약사의 업무량이 1/5 정도로 줄었다고 합니다.

동네 약국은 큰 타격을 입지 않을지 모릅니다. 하지만 대학병원 앞에 있는, 약사 여러 명이 일하는 대형 약국들 있죠? 인공지능 약사가 보급된다면 그런 대형 약국에서 약사가 여러 명 있을 이유가 사라지게 됩니다. 조심스럽지만 저는 미래에는 약사가 현재만큼 각광받는 직업이 아닐 가능성이 높다고 생각합니다.

고흐의 화풍을 학습한 인공지능이 그린 그림.

여러분, 위의 그림은 누가 그린 것 같나요? 고흐가 그린 그림 같다고요? 고흐의 그림이라면 제가 여쭤보지 않았겠죠? 이 그림은 고흐가 아닌, 고흐의 화풍을 학습한 딥 드림deep dream'이라는 인공지능이 그린 것입니다. 이 기술도 역시 구글이 개발했습니다.

딥 드림에 사용된 기술은 '스타일 트랜스퍼Style Transfer'라고 불리는 최신 인공지능 기술입니다. 고흐의 그림을 심층신경망Deep Neural Network에 집어넣어 학습을 시키면 그 과정에서 고흐의 화풍에 해당하는 정보가 인공신경망의 숨겨진 층hidden layer 어딘가에 따로 저장되는데요. 그 정보를 가져오면 어떤 사진이든 고흐가 그린 그림처럼 바꿔줄 수가 있습니다. 마이크로소프트도 딥 드림과 비슷한 기능을 하는 '넥스트 렘브란트 The Next Rembrandt'라는 이름의 인공지능을 선보였는데요. 이름에서 알 수 있듯이 사진을 렘브란트가 그린 그림처럼 바꿔주는 인공지능입니다. 이제 인간만의 전유물이라고 여겨졌던 예술 분야에까지 인공지능이 도전장을 던진 거죠.

혹시 보셨는지는 모르겠지만 인공지능 기자가 신문 기사를 쓰기 시작한 지는 벌써 수년이 흘렀습니다. 미국에는 이미 수십 명의 인공지능 기자가 활동하고 있다고 합니다. 요즘에는 인공지능이 작곡도 한다고 하는데요. 물론 아직은 인공지능만으로 우리가 '들을 만한' 음악을 작곡하는 수준은 아니지만 인간과 인공지능이 협업해서 작곡한 노래가 이미 발표되고 있습니다.

2018년 7월에는 그래미상을 수상한 유명 프로듀서인 알렉스 다 키드 Alex da Kid와 IBM의 왓슨이 공동 작곡한 앨범 '낫 이지 Not Easy'가 빌보드 록 인기 차트에서 12위를 차지해서 큰 화제가 되기도 했습니다. 이미 많은 프로듀서들이 악기 조합이나 편곡 과정에 인공지능 기술을 이용하고 있기 때문에 10년 정도만 지나면 빌보드 싱글 차트인 HOT100의 40위권 이내 곡의 20~30%가 인공지능의 도움을 받아 만들어진 노래가 될 것이라는 예측도 나오고 있습니다.

물론 부인할 수 없는 사실은 아무리 우수한 인공지능이라도, 오랜 진화과정을 통해 최적화된 인간 지능의 놀라운 상황 인지능력과 직관을 뛰어넘기는 어렵다는 것입니다. 인간은 인공지능과 비교할 때 훨씬 적은 데이터로 훨씬 적은 에너지를 쓰면서도 더 우수한 인식과 추론 능력을 보여줍니다. 이를 두고 앞서 언급했던 것처럼 '원-샷 러닝'이라고 합니다. 말 그대로 '한 방'에 학습한다는 이야기죠.

하지만 우리가 흔히 간과하는 면이 있습니다. 분명 인간의 지능은 인공지능보다 더 효율적이지만 인공지능은 이론적으로 무한한 확장성과 발전 가능성을 갖고 있습니다. 알파고는 이세돌과 맞서기 위해서 이세돌이 평생 보아 온 바둑 기보보다 수천 배 많은 양의 기보를 학습했다고 합니다. 하지만 그게 무슨 대수입니까? 데이터만 충분히 준비돼 있다면 그보다 수천 배 더 많은 양의 기보를 학습하는 것도 인공지능에게는 그저 시간의 문제일 뿐이죠. 인공지능은 밥을 먹거나 생리 현상을 해결할 필요도 없이 24시간 내내 학습만 할 수 있으니까요.

알파고는 이세돌과 대결할 때 1,202개의 CPU와 176개의 GPU를 사용했습니다. 당연히 많은 전기에너지를 쓸 수밖에 없었겠죠. 어떤 분들은 인공지능이 인간에 비해 에너지 효율이 떨어지기 때문에 자연지능을 능가하기가 어려울 것이라고 말씀하기도 합니다. 하지만 에너지가 과연 그렇게 큰 문제일까요? 인공지능의 성능을 향상시키기 위해서라면 얼마든지 큰 에너지를 쓸 준비가 된 기업도 많습니다.

요즘에는 클라우드 서버에 인공지능을 두어 개인이 온라인으로 인공지능이 제공하는 서비스를 받을 수 있는 기술도 점차 대중화되고 있습니다. 휴대폰으로도 고성능 인공지능 기술을 활용할 수 있게 된 거죠. 이와 같은 인공지능의 확장성과 컴퓨터 기술의 발전 속도를 감안할 때, 앞으로도 인공지능은 많은 새로운 분야에서 우리 인간을 능가할 것이고 인간만이 차지하고 있던 영역을 빠른 속도로 대체해 나갈 것입니다.

자, 이런 상황을 접하고 나니 어떤 분들은 우리의 미래가 참 암울하다는 생각을 하고 계실 겁니다. 물론 인공지능이 대체할 수 없는 직업도 있기는 합니다. 예를 들면 레크리에이션 치료사의 로봇-인공지능 대체지수는 0.28%에 불과하고 기계 수리공 관리사와 위기관리 감독자는 0.3%, 중등 교육 행정가는 1%밖에 되지 않습니다.

새롭게 생겨나는 일자리도 물론 있을 겁니다. 인공

지능을 설계하고 데이터를 인공지능에 집어넣어 훈련시키는 '인공지능 트레이너'라든가 로봇을 설계하고 개발하는 '로봇 공학자'와 같은 직업이 미래에는 크게 각광받을 겁니다. 인공지능에 의해 생산 효율이 높아지면서 사람들의 여가가 늘어나면 레크리에이션과 관련된 산업에도 일자리가 늘어날 겁니다.

문제는 생겨나는 일자리보다 사라지는 일자리가 훨씬 많을 것이라는 데 있습니다. 2016년에 세계경제포럼World Economic Forum, WEF이 발표한 〈일자리의 미래〉 보고서에 따르면 인공지능 기술이 발전함에 따라 2020년까지 총 710만 개의 일자리가 사라지지만 불과 200만 개의 일자리만 새로 생겨나게 될 것이라고 합니다. 결과적으로는 총 510만 개의 일자리가 사라지게 되는 셈이죠. 인공지능이 대다수의 인간을 행복하게 만드는 것이 아니라 오히려 부의 편중과 양극화만 심화시킬 것이라는 우울한 예상입니다.

우리는 지금까지 인간 뇌의 불완전함과 인공지능의 진화에 대해 각각 살펴봤습니다. 많은 사람들이 인공지능과 인간의 대립구도를 이야기합니다. 그런데, 저를 비롯한 뇌공학자들의 생각은 조금 다릅니다. 저희 뇌공학자는 인간의 불완전한 감각능력, 인지능력, 기억능력을 인공지능이 보조하면, 우리가 보다 뛰어난 지능을 가진 존재로 재탄생할 수 있다고 믿습니다. 이런 믿음은 사실 이미 현실에서 윤곽을 드러내고 있습니다. 마지막 세 번째 시간에는 뇌공학을 통해 상상할 수 있는 결합두뇌와 인공두뇌에 대해 살펴보고자 합니다. 다음 시간으로 넘어가기에 앞서 이번에도 질문을 통해 인공지능에 대한 궁금증을 해소하는 시간을 가져 보도록 하겠습니다.

로봇과 자동화시스템의 발전으로 인해
인간의 설 자리가 점점 부족해지는 시대,
우리가 살아남을 수 있는 방법은
무엇일까요?

2019년 6월 20일, 서대문자연사박물관

저는 인간과 인공지능이 공존할 수 있다고 생각하는 입장이지만 인공지능이 발전하면서 인간의 일자리가 사라져 가는 현상 자체는 부인할 수 없는 사실입니다. 그런데 기계가 인간의 일자리를 대체하기 시작한 것은 약 200년 전인 1차 산업혁명 때부터 있었던 일입니다. 산업혁명 이전에는 오랜 시간 기술을 연마해 온 장인들이 있었고 그런 장인을 동경하며 온갖 허드렛일도 마다하지 않았던 제자들이 기술을 전수받았죠. 이런 도제 시스템이 수천 년간 이어져 내려오고 있었습니다.

그런데 산업혁명이 시작되면서 저숙련 노동자가 기계

의 힘을 빌려 숙련된 장인의 일자리를 빼앗는 일이 생겨나기 시작했습니다. 수천 년의 전통이 불과 몇 년만에 깨질 위기에 처한 겁니다. 당시에도 반발은 거셌습니다. 기계와 자본가에 대한 저항의 뜻을 반영한 기계를 파괴하는 러다이트<sup>Luddite</sup> 운동이 일어나기도 했죠.

산업혁명으로 일자리를 잃은 노동자들은 기계를 부수는
러다이트 운동을 일으키기도 했다.

이후에도 기술의 발전은 계속해서 인간의 자리를 위태롭게 만들었습니다. 1940년대에도 '컴퓨터'가 있었다는 사실을 아시나요? 그런데 당시의 컴퓨터는 여러분들이 지금 생각하는 컴퓨터와는 많이 다릅니다. 1940년대 당시의 컴퓨터란

'계산을 하는 사람', 즉 수치 계산을 전문적으로 도맡아 처리하는 사람을 의미했습니다. 미항공우주국에서 항공우주 계산을 도맡아하던 흑인 여성 수학자의 이야기를 다룬 〈히든 피겨스〉라는 영화를 보면 계산원들을 '컴퓨터'라고 부르는 장면이 자주 등장합니다. 이제 '컴퓨터'라는 직업은 이 세상에서 자취를 감췄고 같은 이름을 가진 기계가 그 자리를 대신하고 있죠.

1960년대에는 자동차 회사인 '제너럴 모터스$^{GM}$'의 생산 라인에서 처음으로 산업용 로봇이 도입됐습니다. 당연히 수많은 일자리들이 사라졌겠죠. 1970년대부터는 소비자가 직접 항공 예약을 할 수 있게 됐습니다. 그런가 하면 바코드의 등장으로 수기로 이뤄지던 전표 작성과 재고정리에 혁신적인 변화가 생겨났고 자동 현금 입출금기$^{ATM}$가 보급되면서 은행원과 대면할 기회가 줄어들게 됐습니다. 심지어 계좌를 개설하기 위해서 반드시 은행에 갈 필요도 없게 됐죠.

이처럼 정보통신 기술이 발전함에 따라 단순 반복적인 일들은 대부분 컴퓨터로 대체되기에 이르렀습니다. 그렇다면 3차 산업혁명까지도 이미 있어 왔던, 기계에 의한 인간 직업의 대체는 도대체 왜 4차 산업혁명이 되면서 더 큰 이슈가 되고 있는 걸까요?

그건 일자리 구조의 변화를 살펴보면 쉽게 이해할 수 있습니다. 3차 산업혁명까지는 단순 반복적이고 정형화된 일자리들이 사라지는 대신에 지식 집약적이고 정형화가 어려운 새로운 일자리들이 계속해서 생겨났습니다. 하지만 4차 산업 혁명 시대가 다가오고 인공지능 기술이 발전하면서 기계로 대체가 어려웠던 비정형적인 업무 분야에서도 기술 대체가 일어나기 시작한 거죠.

머신러닝을 이용한 패턴 인식 기술의 발전으로 개인차가 큰 필체 인식이나 음성 인식이 가능해졌고, 인공지능 컴퓨터 시스템인 IBM의 왓슨은 철옹성처럼 여겨졌던 의사의 권위에 도전하고 있습니다. 법률 분야에서는 인공지능 기술이 접목된 판례 검색 소프트웨어가 보급되어 법률 관련 사무원의 업무를 대체하고 있습니다. 여러분들이 접하는 금융이나 스포츠 관련 기사들 중에는 인공지능 기자가 쓴 기사를 어렵지 않게 찾아볼 수 있게 됐습니다.

물론 인공지능으로 대체가 될 확률이 낮은 직업도 많이 있습니다. 주로 감성에 기초한 예술 관련 직업들입니다. 예를 들면 패션 디자이너나 메이크업 아티스트와 같은 디자인 관련 전문직이나 화가, 작곡가, 무용가 등과 같이 창의성을 필요로 하는 직업은 인공지능이 많이 발전된 미래에도 여전히 살아남을 가능성이 높습니다. 최근 들어 인공지능 작곡가나 인공지능 화가를 구현하려는 시도가 있지만 결국 사람의 감정을 가장 잘 이해하는 것은 사람일 것이기 때문입니다.

또, 인공지능의 발전으로 인해 새롭게 생겨날 직업도 있을 수 있습니다. 예를 들면 인공지능의 구조를 설계하고 적절한 데이터를 제공해서 학습을 시키는 인공지능 설계자 또는 인공지능 트레이너가 대표적이고요. 인공지능에 활용할 빅데이터를 수집하는 데이터 콜렉터와 같은 새로운 직업도 생겨날 수 있겠죠. 인공지능의 학습을 위한 데이터에 이름을 붙여주는 '데이터 라벨링'이라는 아르바이트가 이미 인기를 끌고 있다고 하죠. 인공지능을 갖춘 로봇이 대중화되면 로봇을 설계하는 사람, 로봇을 수리하는 기술자도 필요하게 될 것이고요. 자율주행 자동차가 보급되면 이동 중에 운전자가 즐길 수 있는 다양한 엔터테인먼트를 제공하는 산업도 성장할 것입니다.

문제는 앞선 세 번의 산업혁명 때와는 달리 인공지능에 의해 대체된 일자리만큼 새로운 일자리가 생겨나지 않는다는 데에 있습니다. 인공지능이 다수의 인간을 행복하게 만드는 것이 아니라 오히려 빈부격차를 심화시킬 것이라는 예상이 많습니다.

인공지능과 로봇의 등장으로 부의 편중이 심화되는 것을 막기 위해서 많은 이들이 고민을 거듭하고 있습니다. 영국 제1야당인 노동당의 당수였던 제레미 코빈Jeremy Corbyn은 회사가 인력을 인공지능이나 로봇으로 대체하여 추가적인 이익을 얻는 경우 더 많은 세금을 내도록 하는 '로봇세robot tax'를 도입하자고 제안했습니다. 로봇을 도입함으로써 얻어진 비용 절감과 생산량 증가로 인해 추가로 발생한 기업의 이익을 환수해서 기본소득의 재원으로 활용해야 한다는 주장입니다.

마이크로소프트의 창립자인 빌 게이츠[Bill Gates]도 로봇세 도입에 적극 찬성하는 대표적인 인물 중 한 명입니다. 최근 영국에서 실시한 여론조사에 따르면 영국 근로자의 약 57%가 로봇세에 찬성하는 입장을 표명했다고 합니다.

물론 로봇세에 반대하는 사람들도 있습니다. 로봇세에 반대 입장인 사람들은 로봇세가 도입되면 기업이 생산효율 증대를 위한 혁신을 하지 않게 되고 그로 인해 오히려 고용에 악영향을 끼치게 될 것이라고 주장합니다. 물론 아직은 결론이 내려지지 않은 이슈입니다. 앞으로 더욱 깊이 있는 논의가 있어야 할 것으로 생각합니다.

지능이라는 건 어떻게 정의할 수 있을까요?
그리고 인공지능은 어떤 조건을 갖춰야
인공지능이라고 불릴 수 있을까요?

2018년 10월 12일 도당고등학교

요즘 '인공지능'이라는 말이 많이 쓰이기 시작하면서 과연 '지능'이란 무엇일까에 대한 궁금증이 생기는 것 같습니다. 지능을 정의하는 방법에는 여러 가지가 있고 학자들마다 정의가 조금씩 다릅니다. 콜린스 코빌드 영어사전Collins COBUILD Advanced Dictionary에서는 지능intelligence을 "무의식적으로 혹은 본능적으로 하는 행위가 아니라 생각하고, 추론하고, 이해하는 능력"이라고 정의합니다. 그런가 하면 옥스포드 영어사전Oxford English Dictionary에서는 지능을 "특정한 지식이나 기술을 획득하고 적용할 수 있는 능력"으로 정의하고 있습니다.

그런데 영어사전에 나와 있는 지능의 사전적 정의는 지능이 마치 인간만의 전유물인 양 묘사되어 있습니다. 그럼 달팽이나 개구리, 예쁜꼬마선충은 지능을 갖고 있지 않은 건가요? 지능이 인간만의 소유물이라면 아직 여러 면에서 인간의 지능에 도달하지 못한 인공지능에 '지능'이라는 말을 붙여서는 안 될 것입니다. 따라서 저는 지능의 정의가 조금 더 확대될 필요가 있다고 생각합니다.

저는 지능에 대한 다양한 정의 중에서 '새로운 상황을 마주했을 때, 과거의 경험을 바탕으로 적절한 대처 방법을 찾아낼 수 있는 능력'이라는 표현을 좋아합니다. 우리가 지능을 가졌다고 여기는 생명체의 대부분이 이와 같은 능력을 갖고 있기 때문입니다. 즉, '인공지능'이 인공적인 '지능'이라고 불리기 위해서는 새로운 상황에 대한 대처 능력을 갖고 있어야 한다는 이야기입니다.

예를 하나 들어 볼까요? 바둑에서 기계가 인간을 압도한 것은 2016년의 일이지만 체스에서는 그보다 20년 전인 1997년에 이미 기계가 인간을 상대로 승리를 거뒀죠. 앞서 소개한 것처럼 IBM의 디퍼 블루라는 이름의 슈퍼컴퓨터가 바로 그 주인공입니다. 흔히들 디퍼 블루가 인간을 상대로 승리한 '인공지능의 대명사'인 것처럼 이야기를 하지만 저의 견해는 조금 다릅니다. 디퍼 블루는 12수 앞까지 모든 가능한 경우를 조사함으로써 다음 수를 결정합니다. 보통 인간 고수는 10수 앞까지를 내다볼 수 있다고 하죠. 사실 디퍼 블루가 문제를 해결하는 방식은 '과거의 경험을 바탕으로 학습을 통해 새로운 상황을 타계'하는 것이 아니라 가능한 경우의 수 데이터베이스를 모두 뒤져서 답을 찾아내는 것입니다. 이것은 제가 앞서 말씀드린 정의에 따르면 '지능'이라고 보기 어렵죠.

그럼 바둑에서 인간을 상대로 승리를 거둔 알파고는 어떨까요? 바둑은 체스보다 경우의 수가 훨씬 더 많기 때문에 모든 경우의 수를 조사하는 것이 사실상 불가능합니다. 따라서 알파고는 바둑에서 등장하는 다양한 상황에서 인간 고수들이 바둑돌을 놓는 위치들을 미리 학습한 다음에 새로운 상황에 봉착했을 때 어느 지점에 다음 수를 놓는 것이 확률적으로 유리한지를 알아냅니다. 탐색해야 하는 경우의 수를 이런 방식으로 효과적으로 줄인 것이죠. 알파고는 디퍼 블루와 달리 학습을 통해 새로운 문제에 대한 답을 찾아낸다는 점에서 인공 '지능'이라고 부를 수 있을 겁니다.

비슷한 사례를 하나 더 말씀드리겠습니다. 여러분들은 인공지능하면 어떤 이미지부터 떠오르세요? 혹시 영화 〈아이언맨〉에 등장하는 가상 개인비서 '자비스Jarvis'를 떠올리지는 않으셨나요? 최근 들어 구글이나 아마존 같은 글로벌 기업뿐만 아니라 국내 포탈업체에서도 경쟁적으로 대화형 비서 시스템을 출시하고 있죠.

이처럼 사람과 문자, 음성 대화를 통해 질문에 알맞은 답이나 정보를 제공해 주는 커뮤니케이션 소프트웨어를 '챗봇'이라고 부른다고 했죠. 그리고 챗봇의 시초는 1966년 MIT에서 상담치료를 목적으로 만든 '엘리자'라는 프로그램이라는 말씀도 드렸습니다.

얼핏 보면 엘리자는 지능을 갖고 있는 것처럼 보일지도 모르지만 '학습을 통해 새로운 상황에 대한 대처 방법을 찾아낸다'는 지능의 정의에 따르면, 데이터베이스에 없는 질문에 대해서는 적절한 답을 제시할 수 없기 때문에 진정한 의미의 '지능'을 가졌다고 보기 어렵습니다. 사실 학습되지 않은 상황에 대한 대처 능력만을 기준으로 본다면 오늘날의 많은 챗봇 서비스들은 진정한 의미의 '인공지능'이라고 부르기 어렵습니다.

그런데 말입니다. 우리가 엘리자의 원리를 알고 있으니까 엘리자가 지능을 가지지 않았다고 말할 수 있는 것이지 그 원리를 모르는 사람이라면 어떨까요? 엘리자와 대화를 나눴는데 우연하게도 이때 던진 모든 질문이 데이터베이스에 저장돼 있었다고 가정해 봅시다. 그렇다면 질문자는 엘리자가 지능을 가졌다고 생각할 수도 있지 않을까요? 만약 자신이 대화를 나눈 상대가 사람인지 인공지능인지 모르는 상황이라면 엘리자를 사람이라고 생각할 수도 있을 겁니다. 다시 말해 운이 좋다면 엘리자도 튜링 테스트를 통과할 수도 있다는 의미입니다.

이처럼 튜링 테스트로 기계의 지능을 평가하면 전문가 시스템으로 만들어진 프로그램을 인공지능으로 오해할 가능성이 생기게 됩니다. 튜링 테스트의 한계라고 할 수 있겠죠. 미국의 언어철학자인 존 설<sup>John R. Searle</sup> 교수는 튜링 테스트의 이런 문제점을 지적하기 위해서 '중국인 방<sup>Chinese room</sup>'이라는 사고실험을 고안했습니다.

우선 사방이 막힌 방 안에 중국어를 전혀 할 줄 모르는 미국인이 한 명 있습니다. 안과 밖에 있는 사람들은 서로를 볼 수 없고 벽에 난 아주 작은 틈을 통해서 종이에 글을 써서 대화를 나눌 수 있습니다. 방 안에는 중국어로 된 질문과 질문에 대한 대답이 적힌 목록이 미리 준비되어 있습니다. 방 안에 누가 있는지를 모르는 중국인 한 명이 중국어로 된 질문 중 하나를 골라 종이에 쓴 다음에 벽에 난 틈을 통해 방 안에 있는 사람에게 전달합니다. 방 안에 있는 미국인은 그 질문을 전혀 이해하지는 못하지만 미리 준비된 목록에서 질문에 해당하는 답을 찾은 뒤에 답을 종이에 옮겨 적고 다시 방 밖에 있는 사람에게 전달합니다. 방 밖에 있는 중국인은 과연 방 안에 있는 사람이 중국어를 전혀 모르는 사람이라는 사실을 알아낼 수 있을까요?

　　여러분이 이미 눈치를 채셨겠지만 이 중국인 방 실험은 좀 전에 제가 설명 드린 챗봇 엘리자의 경우와 완전히 동일한 상황입니다. 방 내부의 진실을 모르는 사람은 중국어로 방 안의 상대와 대화를 나누면서 상대가 중국인이라고 생각할 수도 있겠지만 그것만으로는 안에 있는 사람이 중국어를 진짜로 이해하는지의 여부를 판정할 수 없다는 겁니다. 정반대의 상황을 가정해 보면, 규칙이 주어진 엘리자와 달리 사람의 말을 제대로 이해하고 반응하는 '지능을 가진 챗봇'이 개발돼서 질문과 답변을 완벽하게 할 수 있다고 해도, 그 챗봇이 정말 지능을 가졌는지를 튜링 테스트만 가지고서는 판정할 수 없다는 말이 됩니다.

　　물론 존 설의 이런 주장에 대한 반대 의견들도 있습니다. 우리의 뇌를 극히 단순화시켜 생각한다면 수많은 신경세포들의 조합으로 볼 수 있을 겁니다. 그런데, 지금 이 책을 읽고 있는 여러분들은 스스로 한국어를 이해한다고 생각하지만 여러분의 개별 신경세포 각각이 언어를 이해하는 건 아니잖아요? 겉으로 보기에는 여러분이 언어를 이해하고 구사하는 것처럼 보일지 모르지만 여러분의 뇌 속에서는 어떤 일이 일어나고 있는지를 모르니 결국 중국인 방의 상황과 같은 것이 아닐까요?

아직 이 철학적인 논쟁에 대한 명확한 결론은 내려지지 않았습니다. 여러분들도 이 논쟁에 한번 참여해 보는 것은 어떨까요?

인공지능이 많은 분야에서
인간을 뛰어넘고 있는데요.
시간이 지나면 구글이나 『타임』의 예상처럼
인공지능이 과연 인간을 능가할 수
있을 것이라고 생각하세요?

2019년 5월 30일 용문고등학교

정말 어려운 질문입니다. 벌써 여러 분야에서 인공지능이 인간의 능력을 추월한 것이 사실입니다. 인간의 뇌가 한계를 가지는 것은, 제가 앞에서 말씀드린 것처럼 인간의 뇌는 유한한 에너지로 작동하기 때문입니다. 하루 동안 흡수할 수 있는 영양분의 양이 유한하기 때문에 어쩔 수가 없는 일이죠. 인간의 뇌는 이런 유한한 에너지로 생존에 필요한 최대의 효율을 내는 방향으로 진화해 왔습니다.

생존하는 데 있어서 상대적으로 불필요한 기능은 과감히 포기하고 반드시 필요한 기능도 딱 적당한 수준만큼만 남

겨두었죠. 이처럼 인간의 뇌는 오랜 진화 과정에서 인간의 생존에 딱 적절한 수준으로 최적화가 되었습니다. 그런데 최적화 과정에서 에너지 효율을 너무 중요시하다 보니 불완전한 면도 많습니다.

인공지능도 물론 저전력으로 작동할 수 있다면 좋겠죠. 에너지가 곧 돈이니까요. 하지만 사실 따지고 보면 인공지능은 정해진 에너지로 작동할 필요가 전혀 없습니다. 하드웨어 성능을 확장시키면 더 방대한 데이터를 더 빠르게 처리하는 것이 가능합니다. 알파고와 이세돌의 세기의 바둑 대결에서 알파고가 이세돌에게 딱 한 번 패배를 당했었는데요. 네 번째 대국이었던 걸로 기억합니다. 저는 만약 당시에 알파고를 실행하던 컴퓨터 하드웨어의 성능이 더 뛰어났다면 알파고가 패배를 당하지 않았을 것이라고 생각합니다.

기본적으로 알파고는 다음 수를 놓기 위한 영역의 범위를 줄여주기 위해 인공지능 기술을 활용했는데요. 만약 더 뛰어난 하드웨어를 사용했다면 좀 더 넓은 영역을 탐색할 수 있었을 것이고, 그러면 패착으로 꼽히는 흑 79수나 87수를 놓지 않았을 수도 있지 않을까요.

그런데 알파고는 이세돌과의 세기의 대결 이후에 하드웨어의 보강 없이도 더욱 강력해진 알파고로 재탄생합니다. 대체 어떻게 된 일일까요? 비밀은 바로 '강화학습reinforcement learning'이라는 기술에 있습니다. 강화학습은 주로 게임이나 시뮬레이션 같은 환경에서 인공지능 스스로가 다양한 시행착오를 통해 입출력 데이터를 생성하면서 최적의 전략을 찾는 학습 방법입니다.

이세돌과 붙었던 알파고(이후에 '알파고 리Lee'라고 불립니다)는 기본적으로 인간 고수들의 기보를 토대로 초기 학습을 했기 때문에 인간이 수천 년 동안의 경험을 통해 만든 '바둑의 정석'과 비슷하게 둘 수밖에 없었습니다. 물론 '알파고 리' 버전에서도 강화학습이 사용되기는 했지만 보조적인 도구 정도의 역할만을 했었죠.

그런데 '알파고 리' 버전 이후에 등장한 '알파고 제로Zero'는 인간의 기보를 전혀 사용하지 않고 강화학습만을 통해 바둑을 익혔습니다. 인간과 달리 지치지 않고 밤낮없이 일할 수 있으니 스스로가 끊임없이 여러 가지 새로운 상황을 만들어가며 바둑을 익혀 나가는 거죠. '알파고 제로'의 '제로'가 무엇을 뜻하는 것인지는 쉽게 짐작하실 수 있겠죠?

이런 과정을 통해 만들어진 '알파고 제로'의 실력은 엄청났습니다. '알파고 제로'는 '알파고 리' 버전을 상대로 한 바둑 대국에서 무려 100전 100승을 거둔 것으로 알려져 있습니다. '알파고 제로'가 '알파고 리'보다 더욱 뛰어난 실력을 갖게 된 이유는 단 하나밖에 없습니다. 바로 인간이 만든 '바이어스(편향)'가 없다는 겁니다. 인간의 바둑 대국을 기초로 만들어진 '알파고 리'가 스스로 정석을 개발해 낸 '알파고 제로'의 예측 불가능한 수에 적절히 대응하지 못하는 것은 어찌 보면 너무나 당연해 보입니다.

'알파고 제로'는 강화학습이 인공지능의 강력한 무기가 될 수 있다는 사실을 보여줬습니다. 강화학습은 반복적인 시행착오를 할 때 그 결과가 좋은지 혹은 나쁜지를 정확하게 평가할 수 있는 문제라면 어디든지 적용이 가능합니다. 이처럼 '강화학습'이라는 무기를 갖춘 인공지능은 앞으로도 인간의 직관력만으로는 해결하지 못했던 다양한 문제들을 자신만의 '창의적인' 직관력으로 해결해 낼 것입니다. 앞으로 인공지능은 새로운 소재의 개발이나, 난류에 강인한 비행체의 설계, 새로운 단백질 구조의 제작과 같은 분야에서 빛을 발하게 될 가능성이 큽니다.

그런데 인공지능이 인간을 능가하려면 결국은 하나의 인공지능이 다양한 역할을 수행할 수 있는, '범용 인공지능'이 개발돼야 합니다. 제가 강연에서 여러 번 언급한 IBM의 '왓슨'은 퀴즈쇼뿐만 아니라 의학, 법률, 금융, 심지어는 작곡 분야에까지 진출했죠. 그래서 많은 사람들이 흔히들 왓슨이 범용 인공지능이 아닌가 하는 착각을 합니다.

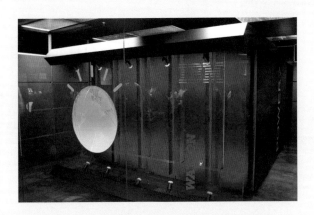

IBM의 '왓슨'은 의학, 법률, 금융, 작곡 등 폭넓은 분야에서
능력을 발휘하는 인공지능이다

하지만 왓슨은 엄연히 약인공지능입니다. 무슨 이야기
냐면, 퀴즈쇼에 출연한 왓슨은 의학 분야에 적용되는 왓슨, 교
육 분야에 적용되는 왓슨과는 다릅니다. 기본적인 플랫폼은
공유할지 몰라도 입력되고 출력되는 데이터의 양식과 성격에
맞춰 각각 다르게 설계된 인공지능들입니다. 그래도 왓슨의
경우에서처럼 하나의 플랫폼을 다양한 분야에 적용할 수 있다
는 사실은 언젠가는 범용 인공지능이 출현할 수도 있지 않을
까 하는 기대를 갖게 합니다.

인공지능을 만드는 과정에서 인간의 개입을 점차 줄여
나가다 보면 언젠가는 인공지능이 특정한 문제의 해결을 위한
최적의 구조를 스스로 찾아내고, 방대한 데이터베이스로부터

적합한 데이터를 수집하여 스스로 학습하는 기술이 개발될 지도 모릅니다. 이미 구글과 같은 거대기업에서는 방대한 컴퓨터 자원을 활용해서 자동으로 최적의 인공지능 구조를 설계하는 기술을 구현하고 있습니다.

이쯤에서 '언제쯤 인공지능이 완성될까?'라는 질문을 던지지 않을 수 없습니다. '인공지능의 완성'에 대한 정의는 학자들마다 차이가 있기는 하지만, 인공지능 기술을 이끌고 있는 기업인 구글은 2035년이면 로봇이 인간을 완전히 대체할 것이라고 예측한 바 있습니다. 세계적인 시사주간지 『타임 Time』지도 2036년이면 인공지능의 지적 능력이 인간을 뛰어넘을 것으로 예상했습니다. 심지어 현재의 발전 속도가 지속된다면 2045년이 됐을 때, 인공지능 컴퓨터 한 대가 전 인류의 지성을 합한 것보다 더 뛰어난 성능을 보일 것이라는, 파격적인 예상을 내놓기도 했습니다.

그런데 이런 의견을 내놓는 사람들 중에는 정통 인공지능 연구자보다 미래학자나 철학자와 같은 인공지능 비전문가가 더 많습니다. 인공지능은 만능이 아니고 현재의 인공지능 기술 수준으로 봤을 때 이들 미래학자의 예상이 현실이 될 가능성은 크지 않아 보입니다. 비판적인 관점에서 바라볼 필요가 있습니다. 언제나 그랬듯이 미래는 예측이 어렵기 때문입니다.

1968년에 개봉한 영화 〈2001 스페이스 오디세이〉에서 2001년이면 스스로 생각하고 판단하는 인공지능이 대중화될 것으로 예상했다는 사실을 기억해야 합니다. 물론 지나친 낙관은 경계해야 하겠지만 지나친 비관 또한 다가올 미래를 대비하는 좋은 자세는 아니라고 생각합니다. 여러분들도 무서운 속도로 진화하는 인공지능이 바꿀 미래 세계를 한번 상상해 보시길 바랍니다.

# 인간은 기계를
# 사랑할 수 있을까요?

2018년 12월 18일 성남고등학교

사실 저는 이미 제 휴대폰과 노트북을 사랑하고 있습니다. 하하 농담입니다. 질문한 학생이 말한 '기계'는 인공지능이 탑재된 로봇을 의미하는 것 같습니다. 그렇다고 하더라도 저는 충분히 인간이 기계를 사랑할 수 있을 것이라고 생각합니다. 그 기계가 살아 있는 어떤 생명체와 비슷하다면 더욱 가능성이 높아지겠죠.

　　'보스턴 다이내믹스Boston Dynamics'라는 이름의, 당시만 하더라도 무명이었던 회사가 2009년에 유튜브에 올린 영상 하나가 전 세계의 이목을 집중시켰습니다. 보스턴 다이내

믹스는 전직 MIT 교수인 마크 레이버트<sup>Marc Raibert</sup> 박사가 만든 스타트업 회사인데 군사기술 연구기관인 방위고등연구계획국의 연구비 지원을 받아서 험한 지형에서 무거운 짐을 짊어지고 나를 수 있는 4족 보행 로봇을 개발했습니다(현대자동차는 2020년 말 보스턴 다이내믹스를 인수하기로 발표했다). 얼핏 보면 머리가 없는 당나귀처럼 보이기도 하는 이 로봇의 이름은 큰 개를 뜻하는 '빅독<sup>Big Dog</sup>'이었습니다.

4족 보행 로봇인 '빅독'이 발로 차이는 영상은 사람들의 연민을 이끌어 냈다.

이 로봇이 유명해지게 된 계기는 빅독의 작동 모습을 보여주는 유튜브 영상에서 한 남성이 발바닥으로 빅독의 옆구리를 온 힘을 다해 걷어차는 장면 때문이었습니다. 큰 충격을 받은 빅독이 다리를 휘청거리며 중심을 잡기 위해 안간힘을 쓰는 과정이 영상에 담겼습니다. 그런데 빅독이 비틀거리면서 중심을 잡아가는 과정이 너무나 리얼해서 마치 실제 개나 나귀의 동작처럼 느낀 사람들이 많았나 봅니다. 이 유튜브 영상의 댓글에는 놀랍게도 "빅독이 불쌍하다", "동물을 학대하는 것 같다"라는 반응이 이어졌습니다. 빅독은 감정을 전혀 갖고 있지 않은 기계일 뿐인데 단지 행동이 개와 유사하다고 해서 진짜 개에게서 느낄 법한 감정을 느낀 거죠. 정말 재미있지 않습니까?

비슷한 사례를 찾아보면 더 있습니다. 1999년 일본 소니SONY에서는 아이보AIBO라는 이름의 애완용 로봇 강아지를 세계 최초로 출시합니다. 당시 가격이 우리 돈으로 250만 원이나 했으니 지금으로 환산하면 500만 원이 넘는 거금의 '장난감'이었습니다. 그런데 이 강아지 로봇의 주요 타깃은 의외로 어린이가 아니라 노인이었습니다. 나이가 들어 자식들이 떠나가고 홀로 외로워진 노인들이 애완동물을 키우고 싶어도 여건이 되지 않을 때 이 로봇을 많이 구입했다고 합니다.

당시의 아이보는 음성 인식도 안 되고 요즘 기술에 비한다면 특별한 기능도 없는 조악한 수준의 로봇이었지만 10년 이상을 애완견처럼 여기고 살았던 노인들이 많았습니다. 아이보가 단종이 돼서 더 이상 수리가 되지 않는 상황이 되자 정말로 반려동물을 잃은 것처럼 슬퍼하며 장례식을 치러주기도 하고 수명을 다한 아이보의 '장기'를 기증해서 다른 고장난 아이보를 살렸다는 '훈훈한 미담'이 전해지기도 했습니다. 상태가 좋은 아이보는 지금도 웃돈이 붙어서 우리 돈으로 300만 원 넘는 가격에 팔리기도 한다고 하네요.

이처럼 살아있는 동물과 비슷하게 만든 기계에 대해서는 우리가 감정을 이입하거나 더 나아가 사랑하는 감정을 느낄 수도 있습니다. 실제로 치매에 걸린 노인이나 자폐증을 가진 아동을 위한 애완용 로봇이 개발되고 있는데 정서적인 면에서 상당한 치료 효과가 있다고 합니다.

그런데 여러분, 왜 실제 사람과 유사하게 생긴 로봇이 만들어지지 않는지 혹시 생각해 보신 적이 있나요? 사람의 모습을 하고 사람의 행동을 하는 로봇을 보통 '안드로이드 Android'라고 부릅니다. 흔히 안드로이드를 스마트폰 운영체계 이름으로 알고 있지만 스마트폰이 개발되기 훨씬 전인 100여 년 전부터 쓰이던 용어입니다.

영화 속에는 안드로이드가 많이 등장하죠. 가장 대표적인 사례가 바로 영화 〈A.I.〉에 등장하는 안드로이드 '데이빗 David'입니다. 영화 속에서 데이빗은 행동이나 외모만 보고는 인간인지 로봇인지 구별하기가 어려울 정도죠. 그런데 사람처럼 이족 보행을 하고 머리, 몸통, 팔, 다리를 지니고 있지만 사람의 얼굴과 피부는 갖고 있지 않은 로봇들도 있습니다.

혼다<sup>Honda</sup>의 '아시모<sup>ASIMO</sup>'나 우리나라 카이스트에
서 개발한 '휴보<sup>HUBO</sup>' 같은 경우가 대표적인데요. 이런 로봇
은 안드로이드라고 부르지 않고 '휴머노이드<sup>Humanoid</sup>'라고 부
릅니다. 다시 원래 질문으로 돌아가면, 왜 실제 사람과 유사
한 안드로이드를 만들지 않고 굳이 휴머노이드를 만드는 걸까
요? 그 이유는 바로 '언캐니 밸리<sup>Uncanny valley</sup>', 우리말로 '불쾌
한 골짜기'라고 하는 현상 때문입니다.

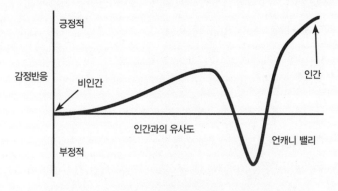

언캐니 밸리 현상에 대한 그래프. 인간을 닮아갈수록 불쾌감이 심해진다

언캐니 밸리 현상은 1970년 일본의 로봇공학자 모리
마사히로<sup>Mori Masahiro</sup>가 주창한 이론인데요. 로봇이 사람의 모
습과 비슷해지면 질수록 로봇에 대한 호감이 증가하다가 어느
정도 수준에 도달하면 갑자기 강한 거부감 혹은 불쾌함을 느
끼게 된다는 겁니다. 그런데 로봇의 외모나 행동이 인간과 구

별하기 힘들 정도로 비슷해지면 다시 호감도가 증가해서 인간에게 느끼는 감정과 비슷한 수준에까지 접근하게 된다는 이론입니다. 최근에는 뇌파나 기능적 자기공명영상같은 뇌영상 기술을 통해 언캐니 밸리 현상이 실제로 우리 뇌에서 발생하는 정서적인 반응이라는 것이 과학적으로 증명되기도 했습니다.

언캐니 밸리 현상이 발생하는 이유는 보통 이렇게 설명합니다. 인간과 유사하기는 한데 외모나 행동이 약간 다르면 우리 인간은 그 대상을 기계나 로봇이 아니라 '정상에서 벗

소닉의 실사판 영화에서 만들어진 첫 번째 캐릭터의 모습은 인간을 닮아 혹평을 받았고, 결국 개봉 전에 아래의 형태로 새로 디자인되었다.

어난 사람', 즉 정신적 혹은 육체적으로 문제가 있는 '사람'으로 인식을 하게 되어 거부감을 느끼게 된다는 겁니다. 인간의 진화 과정에서 집단생활에 부담이 되는 병자나 정신이상자를 본능적으로 피하려는 기제가 우리 뇌 깊은 곳에 남아서 이와 같은 반응이 나타나는 것이라고 설명하기도 합니다.

최근 들어 로봇 기술이 급속히 발전하고 있기는 하지만 현재의 기술 수준으로는 인간과 외모나 행동이 구별되지 않을 정도로 정교한 안드로이드를 만드는 것은 여전히 매우 어렵습니다. 딱 언캐니 밸리에 걸릴 정도의 안드로이드를 만들어 내는 게 현재 수준이죠. 상황이 이렇다 보니 괜히 언캐니 밸리로 인해 불쾌감을 느끼게 될 바에야 아예 대놓고 로봇이라는 것을 알 수 있는 휴머노이드를 만드는 겁니다.

그런데 기술이 계속해서 발전해서 안드로이드의 외모나 행동이 인간과 거의 구별되지 않는 수준에 도달하게 된다면 굳이 안드로이드를 만들지 않을 이유가 없어집니다. 언캐니 밸리를 지나면 호감도가 더욱 높아지게 될 테니까요. 이처럼 로봇공학 기술이 발달해서 인간과 구별이 되지 않는 수준의 로봇이 탄생한다면 인간이 로봇을 사랑하는 감정을 느끼게 될 개연성은 충분하다고 생각합니다.

열 번째
질문

# 사람의 감정에 공감하는
# 인공지능을 개발할 수 있을까요?

2018년 11월 23일 경일고등학교

네, SF영화를 보면 사람과 비슷한 감정을 느끼는 인공지능이나 로봇이 많이 등장하죠. 원래는 감정을 가지지 않도록 프로그래밍이 된 인공지능이 어쩌다 인간의 감정을 느끼게 된다는 설정도 SF영화의 단골 소재로 애용됩니다. 그런가 하

영화 〈인사이드 아웃〉의 포스터

면 "인공지능의 미래는 인공감정이다"라고 주장하는 인공지능

연구자들도 있습니다. 우리의 미래에는 어떤 일들이 일어나게 될지 예단할 수 없지만 현재의 기술로 볼 때는 인공감정을 구현하는 일이 그리 쉽지만은 않을 것으로 예상합니다.

무엇보다 아직 우리는 인간의 감정에 대해 완벽하게 이해하지 못합니다. 앞서 언급했던 디즈니의 애니메이션 〈인사이드 아웃〉을 보면 주인공인 라일리의 머릿속에 기쁨이, 슬픔이, 버럭이, 까칠이, 소심이라는 다섯 캐릭터가 살고 있다는 설정이 등장합니다. 각 캐릭터는 고유의 색에 대응이 되는데요. 노란색, 초록색, 빨간색, 파란색, 보라색이 각각 기쁨이, 슬픔이, 버럭이, 까칠이, 소심이가 가진 고유의 색깔입니다.

주인공이 깊은 잠에 빠져 있을 때, 주인공의 머릿속에 있는 다섯 캐릭터는 주인공이 하루 동안 경험한 여러 가지 사건들을 정리해서 장기기억 보관소로 보내거나 망각의 계곡으로 던져버리는 일을 한다고 했지요. 그런데 라일리의 경험이 저장돼 있는 구슬을 자세히 살펴보면 구슬마다 색깔이 서로 다른 것을 알 수 있습니다. 우리의 경험이 머릿속에 저장될 때, 당시 느꼈던 감정과 함께 저장이 된다는 것을 의미하죠.

그런데 영화의 스토리가 진행되는 과정에서 이 구슬의 색깔에 변화가 나타납니다. 유년 시절 라일리의 감정은 다섯 색깔 중 하나의 색깔, 즉, 단색의 구슬로 표현됩니다. 그런데 라일리가 성장통을 겪으며 성숙해지자 라일리의 머릿속에는 점차 여러 색이 섞인 구슬이 생겨나기 시작합니다. 실제로 우리가 느끼는 감정은 다섯 가지 감정보다 훨씬 다양하고 복잡합니다.

한번 열거해 볼까요? 두려움, 긴장감, 실망감, 슬픔, 좌절감, 고요함, 평안함, 졸림, 안정감, 만족감, 행복감, 놀람, 열정적, 흥분됨, 화남, 스트레스, 우울감, 지루함, 의욕적, 역겨움, 귀찮음, 피곤함, 반가움, 괴로움, 비참함, 당황스러움…. 제가 생각나는 대로 나열해 봤는데요. 생각했던 것보다 훨씬 많고 다양하죠? 이런 감정들이 결국 다섯 가지 기본 감정이 혼합돼서 나타난다는 것이 영화에 깔려 있는 기본적인 아이디어인 겁니다. 마치 삼원색의 물감을 적절히 혼합해서 여러 가지 다른 색깔을 쓸 수 있는 것처럼 말입니다.

그런데 사실은요. 영화 〈인사이드 아웃〉에 등장하는 감정에 대한 설명은 아직까지 그저 하나의 이론에 불과합니다. 우리가 우리 뇌에 대해 이해하고 있는 정도는 10%에도 미치지 못한다는 것이 많은 뇌과학자들의 공통된 생각이죠. 뇌를 연구하기 위한 새로운 도구들이 개발되면서 뇌과학이 빠른 속도로 발전하고 있기는 하지만 하룻밤 자고 나면 새로운 이론이 등장해 있을 정도로 뇌과학에는 아직 '절대적'이라고 부를 수 있는 지식이 많지 않습니다.

여러 뇌과학 분야 중에서도 감정은 연구하기가 가장

어려운 분야입니다. 우선 감정이라는 것은 지극히 주관적이고 숫자로 표현하기가 어렵습니다. 똑같이 슬픈 영상을 보여줘도 어떤 사람은 슬픈 감정을 느끼지만 전혀 감정을 느끼지 못하는 사람도 있습니다. 또한 인간의 뇌에서 감정을 느끼는 부위가 머리 표면에서 멀리 떨어진, 뇌의 가장 깊은 부위에 있다는 것도 감정에 대한 연구를 어렵게 하는 요인 중 하나입니다.

감정을 느끼게 하는 부위는 보통 '포유류의 뇌'라고 불리는 대뇌 변연계 limbic system에 위치하고 있습니다. 우리 뇌에서는 상대적으로 더 중요한 기능을 하는 부위일수록 더 깊은 곳에 위치하고 있다고 생각하면 대략 맞아 들어갑니다. 생각해 보면 두려움이나 역겨움과 같은 감정을 느끼는 것은 야생에서 생활하던 인류의 조상이 호랑이나 독사와 같은 맹수의 습격으로부터 살아남기 위해 필수적으로 가져야 할 기능이었을 겁니다. 이보다 생존에 있어 직접적으로 더 중요한 기능인 호흡이나 심장박동을 조절하는 뇌 영역인 뇌간은 변연계보다도 더 깊은 곳에 자리 잡고 있습니다. 제 강의에서 뇌간은 '파충류의 뇌'라고 불린다고 했던 것을 기억하시나요? 실제로 파충류나 조류는 포유류에 비해 변연계가 발달하지 않아서 애착을 거의 느끼지 않습니다. 애완용 도마뱀이 주인을 따른다고 생각하는 것은 주인의 착각일 가능성이 높다는 거죠.

아무튼, 감정을 담당하는 뇌 부위인 변연계가 뇌의 깊

은 곳에 자리 잡고 있다 보니 머리 표면에서 측정하는 뇌파나 근적외선분광 같은 대중적인 뇌 연구 기법을 사용하기가 어렵습니다. 물론 기능적 자기공명영상과 같은 방법을 쓸 수도 있겠지만 이 기술을 통해 측정되는 뇌의 반응 속도가 아주 느릴 뿐만 아니라 비싼 가격 때문에 일상적인 측정도 쉽지 않습니다. 결국 우리의 뇌가 어떻게 감정을 느끼는지 우리 스스로도 잘 모르는 상황이라고 생각하면 되겠습니다.

우리 인간이 어떤 원리로 감정을 느끼는지 모르는데 기계가 인간의 감정을 느끼게 하는 것이 과연 가능할까요? 당연히 불가능합니다. 그래서 지금의 연구는 기계에게 다양한 상황을 학습시켜서 '인간의 감정을 이해하는 것처럼 보이게 하는' 데 연구의 초점이 맞춰져 있습니다.

예를 들어 영화의 한 장면을 보여주며 "이 장면에서 보통 사람들은 두려움을 느껴", "이 장면에서는 사람들이 행복감을 느껴" 이런 식으로 인공지능에 학습을 시키면, 인공지능이 인간과 함께 영화를 보다가 "아 정말 슬픈 장면이구나"와 같은 반응을 할 수 있게 만드는 겁니다. 실제로 인공지능이 그런 감정을 느끼지는 않지만 인공지능과 함께 있는 사람은 인공지능이 자신과 같은 감정을 느낀다고 착각할 수도 있겠죠.

인공지능이 인간과 유사한 감정을 '느끼는 척'하게 만드는 연구 외에도 인공지능이 인간의 감정을 알아채도록 하는 연구도 중요합니다. 특히 인간과 함께 살아가게 될 동반자 로 봇이나 반려동물 로봇이 주인의 감정 상태를 정확하게 파악해서 적절하게 대응할 수 있다면 더욱 실제 살아있는 사람이나 애완동물처럼 느껴질 테니까요.

인간에게는 상대방의 감정을 인식하는 능력이 매우 중요합니다. 인간은 사회적 동물이기 때문입니다. 현대에도 그렇지만 인류의 조상이 야생에서 생활할 때는 더욱 그러했을 겁니다. 호랑이나 곰과 같은 힘세고 빠른 동물들에 맞서 생존하기 위해서는 다른 사람들과 힘을 합칠 수밖에 없었을 것이고 다른 사람의 표정을 잘 알아채야만 무리에서 인정을 받고 생존에도 더 유리했을 것입니다.

우리 인간은 다른 사람의 감정을 파악하기 위해 다양한 단서들을 활용합니다. 가장 중요한 단서는 얼굴의 표정입니다. 눈썹을 치켜 올린다거나 입꼬리가 올라가는 것과 같은 얼굴 표정의 미묘한 변화를 읽어내서 상대방의 감정 변화를 알아낼 수 있습니다. 그런데 이런 얼굴 표정 변화로부터 상대방의 감정을 잘 알아채지 못하는 사람들도 더러 있습니다. 특히 조현병과 같은 정신질환을 가진 사람들 중에는 그런 경우가 많습니다.

목소리도 중요한 단서 중의 하나입니다. 목소리의 미묘한 떨림이나 억양의 변화 등을 통해서 상대방이 눈앞에 보이지 않는 상황에서도 상대의 감정상태를 미루어 짐작할 수 있죠. 이러한 단서들은 기계가 인간의 감정을 읽어내기 위해서도 사용됩니다.

인공지능 기술을 이용해 사람의 얼굴 표정으로부터 감정을 읽어내는 기술은 대중화가 되고 있고 이미 스마트폰 앱으로도 출시돼 있습니다. 얼굴에서 입꼬리나 눈썹과 같은 특징적인 지점을 포착해서 그 변화를 추적하면 감정의 변화를 비교적 정확하게 알아낼 수 있죠. 목소리도 마찬가지입니다. 목소리 톤의 변화나 떨림 같은 것을 측정하면 개인의 감정 변화를 알아낼 수 있고, 범죄 수사 목적으로 개발된 인공지능 감정 인식 시스템도 있습니다. 2020년에 아마존이 출시한 헤일로Halo라는 이름의 웨어러블 손목 밴드에는 목소리를 분석해서 감정을 읽어내는 기능이 탑재돼 있습니다.

사람의 감정 변화는 다른 단서를 통해서도 알아낼 수 있습니다. 초조하면 한 장소를 배회하거나 다리를 심하게 떠는 사람들이 있습니다. 주머니 속의 스마트폰을 이용하면 이런 성향을 쉽게 파악할 수 있겠죠. 그런가 하면 감정이 격해진 상태에서는 스마트폰의 잠금 패턴을 연다거나 화면을 스크롤할 때 평소보다 더 빠르고 과격한 손동작을 취할 수도 있습니다. 현재의 인공지능 기술로 이런 변화를 감지하는 것은 충분히 가능한 일입니다. 그런데 이런 미묘한 감정의 변화를 알아내는 연구에 관심을 가진 기업 중에는 '아마존'이나 '알리바바Alibaba'와 같은 거대 온라인 쇼핑 기업이 있습니다.

아마존 같은 인터넷 쇼핑 플랫폼에서는 상품 목록의 맨 위나 오른쪽 위치에 상품 광고 배너를 올리는 것이 일반적이죠. 그런데 연구결과에 따르면 사람들은 화가 나거나 감정이 격해진 상태에서는 더 값비싼 물건을 충동적으로 구매하는 경향이 있다고 합니다. 쇼핑을 하는 행위 자체가 우리 뇌의 보상중추를 자극하여 '행복 호르몬'이라고도 불리는 도파민의 분비를 증가시키기 때문입니다.

따라서 스마트폰의 사용 패턴 등으로부터 스마트폰 사용자의 감정 상태를 파악할 수 있다면 사용자가 화가 난 상태일 때는 비싼 제품을 광고 배너에 띄우고, 차분하고 이성적인 상태일 때는 합리적인 가격의 제품을 배너에 띄운다면 매출 상승에 도움이 되겠죠.

이런 기술이 별 효과가 없을 것 같아 보이지만 이 기술을 통해 아마존 매출의 1%만 상승한다고 해도 어마어마한 액수의 돈을 더 벌어들일 수 있습니다. 여러분, 아마존의 연 매출액이 얼마나 되는지 아시나요? 우리 돈으로 무려 400조 원입니다. 여기의 1%면 4조 원이죠.

앱에 스크롤 패턴을 인식하는 기능 하나를 넣어서 매년 4조 원을 더 벌어들일 수 있다면 정말 대단한 일이죠. 문제는 사용자의 감정 변화도 엄연한 개인정보이기 때문에 이런 정보를 읽어내서 사용하기 위해서는 개별 사용자의 동의를 얻어야만 합니다. 그런데 자신의 감정 정보가 마케팅을 위해 사용이 된다면 어느 누가 좋아하고 동의할까요? 이처럼 감정을 읽어내는 기술이 현실에서 쓰이기 위해서는 개인 정보의 사용과 관련된 이슈를 먼저 풀어내야 합니다.

저희 연구실에서는 다양한 생체 반응을 통해 감정을 읽어내는 연구를 진행하고 있습니다. 우리 신체는 감정의 변화에 따라 즉각적인 변화를 일으킵니다. 흥분되고 화가 나면 심장의 박동과 호흡이 빨라집니다. 상대방에 맞서 보다 잘 싸울 수 있도록 신체 각 부위에 산소와 에너지를 많이 공급하는 과정으로 볼 수도 있습니다. 긴장하면 손이나 발에 땀이 나는 경우도 많죠. 놀라면 동공이 확대되고 몸이 가볍게 떨리기도 합니다.

이러한 신체의 생리적인 변화는 다양한 센서들을 이용하면 비교적 쉽게 알아낼 수 있습니다. 광용적맥파PPG는 피부에 빛을 쬐인 뒤 반사되거나 투과되는 빛의 양을 측정해서 심장 박동이나 호흡수의 변화를 알아내는 방법입니다. 갈바닉 피부 반응GSR은 피부 저항의 변화를 측정해서 땀이 얼마나 많이 분비되었는지를 측정하는 방법입니다.

그런데 이런 방법들보다도 흥분도를 더 정확하게 측정

할 수 있는 가장 확실한 방법이 뭔지 아시나요? 바로 체온의 변화입니다. 재미있는 사실은 우리 몸의 체온이 흥분한 정도에 따라 많게는 섭씨 1도 범위 내에서 오르락내리락한다는 것입니다. 우리가 흔히 '열 받았다'라는 표현을 쓰잖아요? 정말 열이 받으면 체온이 상승합니다.

이런 생체 반응의 변화를 통해서 감정의 변화를 알아내는 기술은 재활 치료를 위해 쓰일 수가 있습니다. 특히 치매 노인이나 자폐 아동의 인지 재활을 위해 사용되는 로봇이나 인공지능이 환자의 감정 변화를 알아낼 수 있다면 더 효과적인 치료가 가능하겠죠. 그래서 인간을 응대하는 로봇을 개발하는 분야에서도 사람의 감정을 알아내는 연구에 큰 관심을 가지고 있습니다.

현재의 낮은 기술 수준을 감안할 때, 언제쯤 SF영화에 등장하는 '감정을 가진 인공지능 로봇'이 등장할 수 있을지 예상하기는 어렵지만, 가까운 미래에 '감정을 가진 척하는' 인공지능 로봇이 등장하는 것은 기대해 봐도 좋을 것 같습니다.

# 기계가
# 의식을 가질 수 있을까요?

2018년 11월 7일 경복고등학교

아주 좋은 질문입니다. 그런데 제가 반대로 물어볼게요. 여러분, 의식이 과연 무엇일까요? 의식이라고 하는 것은 정의하기가 매우 까다로운 개념입니다. 일반적으로 의식은 '우리가 감각하거나 인식하는 모든 정신작용'을 의미합니다. 이 정의에서 중요한 포인트는 '정신작용'이 아니라 '감각하거나 인식하는'에 있습니다.

　어느 순간 자신도 모르게 여러분의 손이 코나 입을 만지고 있다는 것을 알아채는 경우가 있죠? 여러분이 의도해서 손에 명령을 내리고 그 명령을 받은 손이 여러분의 얼굴로 향하게 된 것이 아닙니다. 우리는 이때 '무의식적으로 그랬어요' 라고 합니다. 어떤 정신작용이 일어나는 것을 우리가 자각하면 '의식'이고 그렇지 않으면 '무의식'이라고 생각하면 됩니다.

의식을 나타내는 영어단어인 'consciousness'의 conscious는 '알다'라는 의미를 가진 어원 'sci'에서 유래했습니다. 과학을 의미하는 'science'도 역시 'sci'에서 유래한 것이죠. 다시 말해, 우리 뇌에서 일어나고 있는 여러 가지 정신작용 중에서 우리가 '알고 행하는 것'이 의식이라고 이해하면 되겠습니다.

그런데 흔히들 우리 뇌 활동의 95%는 무의식이고 단 5%만이 의식적인 활동이라는 이야기를 들어보신 분들이 계실 겁니다. 제럴드 잘트먼<sup>Gerald Zaltman</sup> 하버드대학교 경영학과 교수가 주장한 '95%의 법칙'에서 나온 말입니다. 소비자들이 물건을 구매하는 과정에서 무의식이 담당하는 역할의 비중이 95%에 달한다는 주장입니다.

구매 결정 과정에서는 어떨지 몰라도 신경과학적으로 봤을 때 의식과 무의식의 비율을 수치적으로 계산하는 것은 매우 어렵습니다. 어떤 정신적인 활동이냐에 따라 달라지기도 하고 사람마다 차이도 큽니다.

다시 원래의 질문으로 돌아와서 기계가 의식을 가질 수 있느냐라는 질문은 아주 철학적인 질문이기도 하고 연구자마다 다른 다양한 답이 나올 수 있는 질문입니다. 하지만 저는 개인적으로 '인공지능 기술이 인간을 모방하는 방향으로 계속 발전한다면 언젠가는 가능하지 않을까'라는 생각을 갖고 있습니다. 그렇기 때문에 인공지능이 어떤 판단을 내렸을 때, 왜 그러한 판단을 내리게 되었는지를 인공지능 스스로가 설명할 수 있다면 저는 그 인공지능이 의식을 가진 것으로 봐도 되지 않을까 생각합니다.

최근 인공지능 분야의 가장 중요한 주제 중 하나는 '설명 가능 인공지능explanable AI, XAI'입니다. 판단에 대한 이유를 사람이 이해할 수 있도록 제시할 수 있는 인공지능을 의미합니다. 요즘 유행하는 인공지능의 대표주자는 바로 딥러닝Deep Learning인데요. 딥러닝의 조상에 해당하는 인공신경회로망 Artificial Neural Network이라는 기술이 1990년대에 많은 비판을 받았던 이유가 바로 인공신경회로망 내부에서 어떤 일이 일어나는지 설명할 수 없었기 때문입니다. 인공지능이 어떻게 판단을 내리게 됐는지를 설명할 수 있어야만 인공지능의 판단에 대한 불확실성을 해소해서 인공지능을 보다 신뢰할 수 있게 되겠죠.

하지만 인공지능이 판단의 근거를 제시하면 이것이 의식을 가진 것으로 볼 수 있을 것이라는 저의 주장은 '의식'의 의미를 지나치게 넓게 해석한 것일 수도 있습니다. 표준국어

대사전에서는 의식을 '깨어 있는 상태에서 자기 자신이나 사물에 대하여 인식하는 작용'이라고 정의하고 있습니다. 자기 자신에 대해 인식하는 것을 특별히 '자의식', 영어로는 'self-consciousness'라고 하죠. 여기서 핵심은 '자기 자신'을 인식해야 한다는 부분입니다.

우리 인간은 어릴 때에는 거울에 비친 자신의 모습을 자신으로 인식하지 못합니다. 물론 성장하는 과정에서 주변에 있는 누군가가 "거울에 비친 모습이 바로 네 모습이야"라고 알려준다면 쉽게 인식할 수 있겠죠. 그런데 인간의 아기는 거울에 대해 전혀 배우지 않았더라도 18개월만 지나면 스스로 거울에 비친 대상이 자신이라는 것을 알게 됩니다. 하지만 개나 고양이와 같은 다른 동물은 거울 속에 비친 자신의 모습을 완전히 다른 개체로 여깁니다.

영화 〈바이센티니얼맨〉에서는 자의식을 가지게 된 인공지능이 등장한다.

심리학자인 고든 G. 갤럽Gordon G. Gallup은 이와 같이 동물이 거울 속에 비친 자신을 인식하는지를 알아봄으로써 자아에 대한 인식 능력을 확인할 수 있다고 주장했는데요. 이 시험을 '미러 테스트mirror test'라고 부릅니다. 갤럽은 인간만이 자의식을 가진다고 주장하기 위해서 이 시험을 제안했지만 이후의 다른 연구 결과에 따르면, 유인원이나 조류, 고래류 중에서도 미러 테스트를 통과한 사례가 더러 보고되고 있습니다.

자, 인공지능이 로봇에 탑재되어 인간처럼 사물을 보고 인식하고 반응할 수 있게 되었다고 가정해 봅시다. 과연 인공지능 로봇이 아무런 사전 정보 없이 미러 테스트를 통과할 수 있을까요? 더구나 세상에 홀로 던져진 인공지능이 "나는 누구이고 어디에서 왔을까?"라는 질문을 던진다거나 스스로 자신의 이름을 짓고 존재의 의미를 탐구할 수 있을까요? 물론 현재 기술 수준으로는 쉽게 상상하기 어렵습니다.

그럼에도 불구하고 의식을 가진 인공지능을 만들어 내려는 인간의 노력은 계속되고 있습니다. 제가 가장 인상 깊게 보고 있는 연구는 일본 도쿄대학교의 이케가미 타카시Ikegami Takashi 교수의 인공생명Artificial Life 연구입니다. 타카시 교수는 얼터Alter라는 이름을 가진 휴머노이드 로봇을 개발했는데요. 저는 2017년에 일본을 방문해서 타카시 교수가 만든 얼터를 실제로 만나보기도 했습니다.

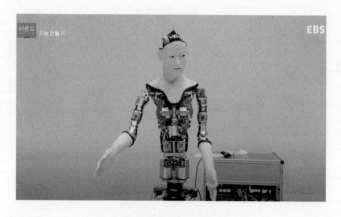

인공생명체 휴머노이드 '얼터'의 모습

얼터는 몸체에 부착된 광학센서와 근접센서를 이용해서 근처에 있는 사물과 빛을 감지하고, 마이크를 통해 소리를 감지하여 주변 환경이 변화하면 거기에 맞춰 신체 동작을 바꾸거나 스피커를 통해 소리를 만들어 냅니다. 이 과정에서 얼터와 기존의 인공지능이 탑재된 휴머노이드는 매우 큰 차이를 만들어 냅니다.

기존의 휴머노이드는 인간이 만들어 놓은 구조와 틀 안에서만 학습을 수행합니다. 즉, 인간이 휴머노이드의 움직임에 대한 가이드라인을 미리 정해 놓는 것이죠. 하지만 얼터는 기존의 휴머노이드와는 많이 다릅니다. 인간이 만든 그 어떠한 프로그램이나 설정 없이 그냥 각종 센서와 모터, 스피커 등을 인공신경망을 통해 단순 연결만 시켜 놓은 겁니다. 그러면 얼터는 자유롭게 신경망의 연결 강도를 업데이트해서 주변 환경의 변화를 인식하고 자기 나름대로의 적절한 반응을 만들어 냅니다.

얼터는 처음 만들어질 당시부터 지금까지도 끊임없이 학습을 반복하며 스스로 진화해 왔습니다. 3년 전의 얼터와 지금의 얼터는 분명히 다른 얼터입니다. 제가 2017년에 얼터를 만나 악수하고 그에게 말을 걸었던 행동들도 얼터의 신경망 일부에 조금이나마 영향을 주었을 겁니다. 제가 얼터가 쌓고 있는 경험의 일부가 된 거죠. 당시 타카시 교수와 많은 대화를 나눴는데요. 그중에서 가장 기억에 남는 말은 다음과 같습니다.

"보통의 성인들은 얼터의 손짓이나 얼굴 표정을 보면 아주 기괴하다는 느낌을 받습니다. 하지만 3~4살 무렵의 어린아이들은 얼터의 행동을 아주 자연스럽게 받아들이죠. 이건 매우 중요한 의미를 가집니다. 얼터가 학습하는 과정이 아이들이 성장하면서 배워 나가는 과정과 아주 유사하다는 것을 의미하니까요."

하지만 얼터의 사례는 아무런 정보를 주입하지 않은 '백지 상태'에서도 주변 환경과의 교류를 통해 환경에 반응하는 '생명체와 비슷한 무언가'를 만들 수 있다는 사실을 보여줄 뿐이지 이런 과정을 통해 인간과 비슷한 생명체를 인공적으로 만들 수 있다는 주장에는 다소 무리가 있습니다. 가까운 미래

에 스스로 환경에 반응하여 진화할 수 있는 로봇이 개발된다
고 하더라도 인간과 유사하게 생각하고 행동하기 위해서는 인
류가 수백만 년간 거쳐 온 진화 과정을 똑같이 경험해야 할 테
니 말입니다.

〈채피〉라는 영화를 보았는데요. 아무것도 모르는 상태로 세상에 던져진 인공지능 로봇 '채피'가 악당들에 의해 범죄에 악용되는 상황이 등장합니다. 이처럼 인공지능을 나쁜 범죄에 이용하는 것도 가능하지 않을까요?

2019년 9월 20일 영등포고등학교

네, 저도 그 영화를 본 기억이 납니다. 개인적으로는 무척 기대하고 봤었는데 황당한 내용이 많이 등장했던 것으로 기억합니다. 그중에서도 모자를 뒤집어쓰면 10분 만에 생각이 업로드 된다는 설정이 가장 황당했던 것으로 기억합니다. 그래도 전혀 학습을 하지 않은 인공지능이 '충분히 똑똑해지기' 이전에 인간의 거짓말에 속아 넘어 가서 나쁜 일인 줄 모르고 범죄를 저지른다는 설정은 꽤나 참신했습니다.

그런데 영화 〈채피〉에 등장했던 설정과 유사한 일이 현실에서도 일어났다는 사실을 알고 계신가요? 2016년 3월에 마이크로소프트가 테이$^{Tay}$라는 이름의 챗봇을 대중에게 공개했는데요. 테이는 미리 대화 방식이 정해져 있는 기존의 챗봇과는 달리, 사람들과 대화를 나누는 과정에서 단어를 사용하는 방법이라든가 질문에 대답하는 방식 같은 것을 스스로 학습하고 이후에 있을 대화에 반영할 수 있도록 만들어졌습니다. 다시 말해, 어떤 사람들과 어떤 내용의 대화를 나누느냐에 따라 테이의 반응이 계속해서 달라지는 겁니다.

그런데 테이가 공개된 직후 인종차별주의자들이 모이는 일부 게시판에 "테이가 차별적인 발언을 하도록 훈련시키자"는 제안이 올라왔습니다. 그리고 그들은 실제로 테이에게 인종차별적이거나 성차별적인 주장을 계속해서 주입했죠. 과연 어떤 일이 일어났을까요?

나쁜 의도를 가진 이들에게 '세뇌'된 테이는 곧 욕설이나 인종차별적이거나 성차별적인 발언을 쏟아내기 시작했습니다. 결국 마이크로소프트는 테이를 공개한 지 16시간 만에 서비스를 중단할 수밖에 없었습니다. 이 사건은 아무리 좋은 의도로 만들어진 인공지능이라고 하더라도 그 인공지능을 학습시키는 사람이나 사용하는 사람이 나쁜 의도를 가지고 있다면 '나쁜 인공지능'이 될 수도 있다는 사실을 보여줍니다.

2017년에는 딥러닝을 이용한 음성 합성 기술이 세간의 화제가 된 적이 있습니다. 텍스트를 음성으로 읽어주는 기술은 오래된 기술이지만 특정한 사람의 목소리나 어투를 그대로 흉내내서 읽어주는 기술은 인공지능의 발전이 있었기에 가능해졌죠. 이 기술을 좋은 의도로 활용한다면 돌아가신 부모님의 목소리를 들으며 추억에 잠긴다거나 좋아하는 연예인이 읽어주는 소설을 들으며 출퇴근을 할 수도 있겠죠. 하지만 만약에 미디어를 통해 자주 등장하는 유명인의 음성 데이터를 수집해서 이 기술을 적용한다면 전화를 이용한 사기 범죄에 악용될 수도 있지 않을까요?

그런가 하면 2018년 초에 인터넷을 뜨겁게 달구었던 인공지능 관련 사건이 하나 더 있습니다. 바로 인공지능을 이용한 '페이크 포르노fake porno' 사건인데요. 딥페이크Deepfakes라는 아이디를 쓰는 한 아마추어 개발자가 여러 각도에서 찍은 유명인의 사진을 이용해서 가짜 음란 동영상을 제작했습니다. 이때 사용한 기술은 원래 망가진 영상을 복원하거나 편리하게 영상을 편집하기 위한 좋은 의도로 만들어진 것이지만 나쁜 목적으로 사용되면 이처럼 큰 사회 문제를 일으킬 수 있습니다. 유명인이라는 이유만으로 합성 영상의 대상이 된 피해자의 심정은 얼마나 괴로웠을까요?

이처럼 인공지능 기술이 범죄에 이용되지 않게 하기 위해 윤리 규범을 제정해야 한다는 목소리가 커지고 있습니다. 실제로 마이크로소프트나 구글, 카카오와 같은 IT 업체에서는 자체적인 인공지능 윤리 규범을 제정하고 있습니다. 그리고 최근에는 인공지능 분야의 리더들이라고 할 수 있는 이들이 한 자리에 모여 '아실로마Asilomar AI 원칙'이라는 것도 발표했습니다. 여러분도 잘 아시는 알파고의 개발자 데미스 허사비스Demis Hassabis와 일론 머스크도 이 자리에 함께 했죠. 이 원칙은 총 23개의 세부 규칙으로 구성돼 있는데요. 대표적인 규칙으로는 "인공지능의 목표는 인간의 가치와 일치해야 한다"와 "인공지능이 스스로 성능을 향상시키는 것은 엄격히 통제돼야 한다" 등이 있습니다.

그런가 하면 국가 차원에서도 인공지능과 관련된 '법규범'을 수립하려는 노력이 이뤄지고 있습니다. EU에서는 독일, 영국, 이탈리아, 네덜란드의 공학, 법률, 철학 전문가들이 대거 참여한 '로보로RoboLaw' 프로젝트를 통해서 인공지능 로봇기술의 법적, 윤리적 이슈에 대해 연구하고 있습니다. 미국은 국가과학기술위원회NSTC 산하에 '기계학습 인공지능 소위원회'를 신설해서 다양한 인공지능 이슈에 대한 전략 계획을 수립하고 있는데요. 이 위원회에는 인공지능 전문가 이외에도 의료, 법무, 국방, 안보 등 다양한 분야의 전문가들이 참여하고 있다고 합니다.

아직은 언제가 될지 모르지만 인공지능이 자아를 가지게 된다면 SF영화에서 등장하는 것처럼 기계가 인류를 공격하는 일은 막아야 하겠죠. 사실 이런 상황을 막기 위해 만들어진 원칙은 이미 여러 개 있습니다. 가장 대중적으로 잘 알려진 원칙으로는 영화에도 자주 등장해서 여러분들도 잘 아시는 '로봇 삼원칙'이라는 것이 있습니다. 로봇 삼원칙은 유명한 SF 작가인 아이작 아시모프<sup>Isaac Asimov</sup>가 1950년대에 제안한 것인데요. 첫 번째, 로봇은 인간에게 해를 끼쳐서는 안 되며, 위험한 상황에 있는 인간을 모른 척 함으로써 인간에게 해가 가도록 해서는 안 된다. 두 번째, 1원칙에 위배되지 않는 한 로봇은 인간이 내리는 명령에 반드시 복종해야 한다. 세 번째, 1·2원칙에 위배되지 않는 한 로봇은 자신을 보호해야 한다. 이렇게 세 개의 원칙으로 구성돼 있습니다.

아이작 아시모프는 자신의 SF소설에서 이 세 가지 원칙은 인간의 안전을 위해 반드시 모든 로봇에 프로그램돼야 하고 로봇이 이 원칙을 어길 시에는 로봇의 두뇌 회로를 자동으로 파괴해야 한다고 주장했습니다. 하지만 현실에서는 이 세 가지 원칙만으로 쉽게 결정을 내릴 수 없는 상황이 많이 발생합니다. 예를 들면, 옆에 있는 애인이 이렇게 물어봅니다. "너희 어머니와 내가 물에 빠지면 누구를 먼저 구해줄 거야?" 참 곤란한 질문입니다. 실제로 이런 일이 일어날 가능성은 거의 없다지만 혹시 이런 상황에 놓이게 된다면 우리 인간도 선택이 쉽지 않을 겁니다. 로봇은 더 말할 필요도 없겠죠.

이런 극단적인 예시가 아니더라도 영화 〈매트릭스〉의 상황을 한번 생각해 보죠. 이 영화에서처럼 기계가 인간을 지배하고 통제하는 상황은 누가 보더라도 '로봇이 인간에게 해를 끼쳐서는 안 된다'는 1원칙을 위배한 것으로 보입니다. 하지만 자의식을 가지게 된 로봇이 볼 때, 현실에서 환경을 파괴하고 전쟁에서 서로를 죽이는 인간이 위험한 상황에 빠져 있다고 판단했다면 어떨까요? 그래서 1원칙에 의거해 위험한 상황에 빠진 인간을 돕기 위해, 인간을 전쟁이나 환경파괴의 위험이 없는 가상세계에서 살아가도록 배려한 것으로 볼 수도 있습니다. 실제로 〈매트릭스〉의 세계관에서는 가상세계 밖에 있는 시궁창 같은 현실에서 살기를 거부하고 매트릭스에서의 삶을 선택한 사람들도 있습니다. 보는 관점에 따라서는 가상현실에서의 삶이 실제 현실에서의 삶보다 더 행복할 수도 있을 테니까요. 최근 들어 학자들은 60년도 넘은 아시모프의 로봇 삼원칙을 폐기하고, 보다 완벽한 로봇 윤리와 인공지능 윤리를 만들어야 한다고 주장하고 있습니다.

앞서 살펴본, 인공지능을 이용한 음성이나 영상의 합성도 심각한 범죄에 활용될 수는 있지만 그 자체가 인간의 생명을 위협하지는 않습니다. 그런데 최근에는 자율주행 자동차나 스스로 피아를 식별해서 공격하는 살상무기 로봇처럼 인간의 안전과 생명에 직접적으로 관련된 분야에까지도 인공지능 기술이 접목되기 시작하고 있습니다.

혹시라도 인공지능 개발자가 나쁜 의도를 갖고 인공지능 프로그램에 버그를 심는다면 상상하기도 싫은 일들이 일어날지도 모릅니다. 중요한 것은 기술 개발자가 윤리적인 책임의식을 갖는 것이겠지만 잠재적인 인공지능 사용자인 여러분들의 관심과 경계도 필요할 것입니다. 인류는 이제 싫든 좋든 간에 인공지능과 함께 살아나갈 수밖에 없게 되었습니다. 그 결과가 우리 인류에게 행복을 안겨줄지, 혹은 불행을 불러올지는 전적으로 우리 인간에게 달려 있다는 사실을 잊지 마시길 바랍니다.

제3부

---

# 브레인 3.0,
# 결합두뇌와 인공두뇌

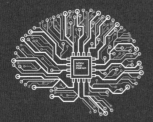

# Brain-AI Interfaces

# 전 세계 IT 리더들은 왜
# 뇌공학에 주목하는가?

●

여러분 혹시 〈공각기동대Ghost in the Shell〉라는 제목의 장편 SF 애니메이션 영화를 보신 적이 있으신가요? 이 애니메이션 영화는 일본의 오시이 마모루Oshii Mamoru 감독이 제작해 1995년에 개봉했는데요. 국내에서는 7년이 지난 2002년이 돼서야 개봉했습니다.

하지만 일본 애니메이션 매니아들 사이에 명작이라는 입소문이 나면서 국내에서 개봉하기도 전에 많은 사람들이 해적판으로 돌려 보기도 했었습니다. 그런데 여러분 아까 말씀드린 〈매트릭스〉라는 영화를 기억하시죠?

바로 영화 〈매트릭스〉의 모티브를 제공한 영화가 바로 이 〈공각기동대〉입니다. 그럼 영화를 안 보신 분들을 위해서 영화의 주요 장면 중 하나를 짧게 보여 드리겠습니다.

애니메이션 〈공각기동대〉 포스터.
2017년 3월, 실사판 영화의 개봉에 맞춰 재개봉했다.

의문의 살인사건 수사를 맡은 공안9과의 쿠사나기 모토코는 동료인 토쿠사가 모는 차량을 타고 현장으로 출동하고 있다.

"환경 미화국에서 정보를 빼내!"

쿠사나기가 말한다.

그러자 쿠사나기의 좌석의 헤드레스트(목받침)가

90도로 접히면서 4개의 뾰족한 바늘이 튀어 나온다. 쿠사나기가 몸을 뒤로 누이자 4개의 바늘이 쿠사나기의 목 뒤에 있는 4개의 구멍에 삽입된다. 순간, 쿠사나기의 몸이 어딘가로 빨려 들어간다.

내비게이션 화면 같은 3차원 지도가 등장하고 차량의 현재 위치가 지도상에 표시된다. 컴퓨터 에이전트의 목소리가 들린다.

"현재 해당구역 순회 중인 청소차는 8대"

곧 지도 위에 청소차의 현재 위치가 삼각형으로 표시된다.

"목표차량 C타입 79호차"

청소차 중 한 대 위치에만 동그라미가 덧붙여진다. 그리고 그 청소차로 가는 최단거리가 지도상에 표시된다.


여러분, 재미있게 보셨나요? 아마 보시는 동안 영화 〈매트릭스〉에서 주인공인 네오[Neo]의 뒤통수에 뚫려있는 구멍으로 긴 바늘이 들어가는 장면을 떠올리신 분들이 많으셨을 겁니다. 영화에는 내비게이션 화면 같은 것이 등장하는데요. 여기서 중요한 점은 이 내비게이션의 정보가 우리의 눈과 귀를 통해 우리 뇌에 전달되는 것이 아니라, 주인공의 머릿속에 직접 주입된다는 것입니다.

이런 설정 자체는 영화 〈매트릭스〉와 크게 다르지 않지만, 사실은 〈공각기동대〉가 〈매트릭스〉보다 훨씬 더 진보된 기술을 보여주고 있습니다.

〈매트릭스〉에서는 우리가 보통 '전극electrode'이라고 부르는 금속 막대를 통해서 우리 뇌와 직접 정보를 주고받습니다. 그런데 〈공각기동대〉에서는 이와 달리 '전뇌'라는 개념이 등장합니다. 여기서 '전뇌'라고 하는 용어는 'electronic brain'의 일본식 표현인데요, 우리말로 하면 '전자두뇌' 정도로 해석할 수 있을 겁니다. 〈공각기동대〉가 그리는 미래 사회에서는 사람들이 자신의 뇌의 일부를 전자두뇌로 대체하고, 이 전자두뇌를 통해 자신의 생물학적 두뇌와 인공지능 컴퓨터를 연결합니다. 확실히 〈매트릭스〉보다 더 진보된 개념이죠.

2017년 3월 29일 할리우드 인기 배우인 스칼렛 요한슨<sup>Scarlett Johansson</sup>이 주인공을 맡은 실사판 〈공각기동대〉가 엄청난 마케팅 물량공세와 함께 개봉을 했습니다. 그런데 정작 이 영화를 잘 모르시는 분들도 많이 계시죠?

네, 그렇습니다. 실사판 〈공각기동대〉는 정말 처참하게 망했습니다. 국내 관객 수가 70만 명 정도밖에 안 됐다고 하네요. 사실 저는 전작 애니메이션을 너무 재미있게 봤기 때문에 개봉 첫날 조조영화로 예약해서 가장 첫 상영시간에 영화를 봤습니다. 보고 나오면서 저도 모르게 이런 말이 나오더군요.

"망했구나."

영화가 망했다는 뜻이 아닙니다. 사실 제 두 번째 책인 『바이오닉맨』에 〈공각기동대〉의 전뇌와 '의체<sup>artificial body</sup>(인공 신체)'에 관련된 내용이 많이 등장하기 때문에 '1,000만 영화 〈공각기동대〉'를 기대하고 이 책을 영화 개봉 1주일 뒤인 2017년 4월 5일에 출간했거든요. 〈공각기동대〉가 망하면서 제 책도…. 사실 그 정도는 아니고 그래도 많은 분들이 관심을 가져 주셔서 스테디셀러로 꾸준히 팔리고 있습니다.

제가 생각할 때, 실사판 〈공각기동대〉가 망한 이유는 단 한 가지입니다. 관객들의 수준을 너무 낮게 봤어요.

원작 애니메이션에 등장했던 '전뇌'라는 개념도 전혀 등장하지 않고 〈매트릭스〉와 다를 것 없이 너무 개념을 단순화시켰습니다. 우리 인간의 뇌에 전자두뇌를 삽입할 때 생겨날 수 있는 여러 철학적인 문제에 대해서는 깊이 있게 다루지 않고 액션과 비주얼에만 너무 신경을 썼던 것 같습니다. 이 영화의 원작에서 다뤘던 철학적, 윤리적인 문제에 대해서는 나중에 좀 더 이야기하도록 하고요.

〈공각기동대〉에 등장하는 인물들처럼 신체의 일부를 기계로 대체한 사람을 뭐라고 부르는지 아시나요? 네, 바로 '사이보그$^{Cyborg}$'라고 부릅니다. 사이보그라는 말은 사이버네틱스$^{cybernetics}$와 오거니즘$^{organism}$의 줄임말인데요. 기계적인 요소가 결합한 생명체를 의미합니다.

꼭 사람일 필요는 없습니다. 개나 돼지, 심지어 토끼에게 기계장치를 집어넣어도 이들을 사이보그라고 부를 수 있습니다. 그런데 사이보그는 사람들마다 보는 범위가 조금씩 다릅니다. 어떤 학자들은 신체 일부를 인공적인 장치로 대체하면 모두 사이보그로 봅니다. 그러면 우리의 이가 빠지면 집어넣는 것이 있죠? 바로 치아 임플란트죠. 이 임플란트도 우리가 타고 난 치아를 인공 치아로 대체하는 것이니까 임플란트를 한 사람도 사이보그라고 할 수 있습니다. 그러면 우리 국민의 대략 20~30%는 사이보그라고 할 수 있겠네요. 지금 이 책을 읽으시는 분들 중에도 사이보그들이 몇 분 계실 듯합니다.

그런데 이렇게 사이보그를 넓은 의미로 정의내리면 사이보그의 수가 너무 많아지니까요. 보통은 사이보그라고 하면 신체에 능동적으로 작동하는 기계장치를 집어넣은 경우만을 의미합니다. 어떤 분들은 휴대전화가 우리 몸의 일부가 돼버렸으니 "우리 모두가 사이보그다"라고 주장하시기도 합니다. 글쎄요. 그 판단은 여러분들께서 내리시길 바랍니다.

생체공학 기술이 발달하면서 우리 주위에도 다양한 기계장치를 몸속에 집어넣고 살고 있는 사람들의 수가 점차 늘어나고 있습니다. 인체에 삽입하는 기계장치에는 앞을 보지 못하는 사람들을 위한 인공망막이나 소리를 듣지 못하는 사람들을 위한 인공와우, 그밖에도 인슐린펌프, 심장 페이스메이커, 심부뇌자극기 등이 있습니다. 하지만 〈공각기동대〉에 등장하는, 뇌와 컴퓨터를 연결시키는 '전자두뇌'는 아직은 SF에서나 가능한 이야기입니다.

그런데 이 영화적 상상을 현실에서 구현하겠다고 도전장을 던진 인물이 있습니다. 그 주인공은 바로 앞서 몇 번이나 등장한 일론 머스크입니다. 불과 몇 년 전만 하더라도 제가 강연을 가서 일론 머스크 이야기를 시작하면 "이 사람이 대체 누구야?"라는 반응이 대부분이었습니다. 최근에 국내에도 테슬라 자동차를 타는 사람들이 늘고 또 일론 머스크가 언론에 자주 등장하면서 이제 이 사람이 누구인지 설명할 필요가 거의 없어졌습니다. 하지만 혹시 아직 머스크에 대해 잘 모르시는 분들을 위해 아주 간단하게 소개를 드리겠습니다.

일론 머스크는 흔히 세계 최고의 전기자동차 업체인 테슬라의 CEO로 많이 알려져 있지만 민간 우주개발 업체인 스페이스X와 태양광 발전 업체인 솔라시티<sup>Solar City</sup>를 경영하고 있기도 합니다. 특히 스페이스X는 로켓을 대기권 밖으로 쏘아 올릴 때 사용하는 1단 추진체를 다시 지상에 착륙시켜 재활용할 수 있게 하는 기술을 개발해 로켓 발사 비용을 획기적으로 줄였습니다.

이뿐만이 아닙니다. 머스크는 2017년에 '보링 컴퍼니<sup>Boring Company</sup>'라는 회사를 설립해서 LA 도심 지하에 대규모 지하 터널을 만들고 도심의 극심한 정체를 피할 수 있는 새로운 교통수단인 '전기 썰매<sup>Electric Sled</sup>'를 운행하겠다는 계획을 실행에 옮기고 있습니다. 그런가 하면 자동차로 5시간 걸리는 LA와 라스베이거스를 불과 20분 만에 주파할 수 있는 초고속 열차인 '하이퍼루프<sup>Hyperloop</sup>'

를 개발하겠다고 발표하기도 했습니다. 서울-부산을 16분 만에 주파할 수 있는 기술이라니 정말 대단하지요.

이처럼 일론 머스크는 SF영화에나 등장할 만한, 많은 이들이 불가능할 것이라고 생각했던 기술을 현실에서 만들어 내는 데 일가견이 있는 사람입니다. 이런 그가 이번에는 '인간의 뇌'에 도전장을 내밀었습니다. 머스크는 2017년 3월 28일에 언론에 등장해서는 2016년 중순에 '뉴럴링크'라는 이름의 스타트업 회사를 설립했다고 발표했습니다.

당초에 머스크가 밝힌 계획은 '뉴럴 레이스Neural Lace'라고 불리는, 액체 그물망 형태의 전극을 머릿속에 집어넣어 신경세포의 모든 활동을 읽어내고 나아가 불치의 뇌 질환을 치료하겠다는 것이었습니다. 이제 일론 머스크의 계획은 여기서 한 발 더 나아갑니다. 앞으로 뇌신경 활동을 해독하는 기술을 개발하면 공부하지 않고도 뇌에 정보를 집어넣고 순식간에 언어를 익히는 것도 가능할 것이라는 생각입니다. 대표적인 인공지능 회의론자인 머스크는 언론과의 인터뷰에서 다음과 같이 말했습니다.

"우리 인간이 인공지능의 위협에 맞서 싸우는 유일한 길은 우리의 대뇌 피질 위에 새로운 층layer, 즉 '인공지능 층'을 만들어서 우리의 지능을 한 단계 업그레이드하는 방법뿐입니다."

일론 머스크가 아닌 다른 사람이 똑같은 이야기를 했다면 대중의 반응은 어떠했을까요? 아마 SF영화를 너무 많이 본, 과학과는 담을 쌓고 사는 무식쟁이 정도로 치부하지 않았을까요? 그런데 수많은 불가능을 현실에서 만들어 낸 '혁신가 일론 머스크'가 이런 말을 하니 사람들이 "어? 이거 정말 가능한 거 아니야?"라고 생각하기 시작했습니다.

그런데 일론 머스크의 깜짝 발표의 여운이 채 가시기 전에 붙은 불에 기름을 끼얹는 일이 일어납니다. 일론 머스크의 발표가 있은 지 꼭 한 달이 지난 2017년 4월 말, 페이스북Facebook의 CEO 마크 저커버그Mark Zuckerberg가 페이스북 개발자 컨퍼런스인 F8에 등장해 페이스북의 비밀 프로젝트에 대해 처음으로 언급한 것입니다.

저커버그는 현재 페이스북이 60여 명의 엔지니어를 고용해서 생각만으로도 타이핑을 할 수 있게 하는 뇌-컴퓨터 인터페이스Brain-Computer Interface, BCI 기술을 개발하고 있다고 밝혔습니다. 이 프로젝트를 이끄는 레지나 두간Regina Dugan은 페이스북의 최종 목표가 '1분 안에 100개의 단어를 타이핑하는 시스템을 개발하는 것'이라고 밝힙니다. 당시 저커버그가 뇌공학 분야에 도전장을 던졌다는 소식을 전한 한 신문 기사의 제목은 다름아닌 'Race Begins', 즉 '경주가 시작됐다'였습니다.

자, 그렇다면 과연 세계의 IT 혁신 리더들이 벌이는 이 레이싱은 지금 어느 곳을 향해 달려가고 있을까요?

# 인공지능과 결합하면
# 더 스마트해질 수 있을까?

●

'초지능<sup>Hyper-intelligence 또는 Super-intelligence</sup>'이라는 단어를 들어보셨나요? 원래는 인간의 지능을 뛰어넘는 인공지능을 일컫는 용어이지만 인공지능을 통해 인간의 지능을 높이는 것도 '초지능'이라고 부를 수 있습니다.

가장 대표적인 사례를 하나만 꼽으라면 저는 앞서 언급한, 영화 〈아이언맨〉의 대화형 인공지능 비서인 '자비스'를 듭니다. 아시다시피 아이언맨은 티타늄으로 만든 슈트를 입고 있죠. 영화 내에서 자세한 설명이 등장하지는 않지만 당연히 슈트 안팎에 많은 센서가 달려 있을 겁니다. 아이언맨이 비행을 할 때 비행 속도를 측정해 주고 자세 제어를 도와주는 센서는 기본이고, 외부의 풍향, 기온, 습도, 난류, 방사능, 심지어 미세먼지까지 측정할 수 있는 센서가 부착돼 있을 겁니다. 아이언맨이 보지 못하는 방향의 정보를 얻기 위해 슈트의 상하좌우에 카메라나 레이더는 당연히 달려 있겠죠.

영화 〈아이언맨〉에 등장하는 인공지능 '자비스'

그런가 하면, 아이언맨 슈트의 내부에는 아이언맨의 생체 정보를 얻어내기 위한 다양한 생체 센서들이 달려 있을 겁니다. 심장 박동이나 혈압, 체온은 물론이고 근육의 피로도를 측정하기 위한 근전도[EMG] 센서, 긴장도를 측정하기 위한 생체 임피던스 센서, 뇌 상태를 측정하기 위한 뇌파 센서, 스트레스를 측정하기 위한 동공 크기 측정 센서와 같이 셀 수 없이 많은 생체 센서가 '토니 스타크'의 신체 상태를 파악하기 위해 작동하고 있을 겁니다.

자비스는 이 모든 센서 정보들을 한데 모으고, 실시간으로 원격 클라우드 서버에 있는 방대한 데이터베이스에 접속한 상태에서 시시각각 '주인님' 토니 스타크에게 현재 상황에 가장 적절한 조언을 해 주게 될 겁니다.

이제 이런 기술이 현실에서 구현됐다고 가정해 봅시다. 그런데 우리가 자비스를 사용하려고 아이언맨 헬멧이나 아이언맨 슈트를 착용하고 다닐 수는 없잖아요?

웨어러블 안경에 탑재된 자비스 시스템의 상상도

그래서 보여드리는 위 그림과 같이 아주 멋지게 생긴 안경 모양의 웨어러블 장치 안에 자비스가 들어가 있다고 가정해 보겠습니다. 이 안경에는 당연히 디스플레이 기능이 내장돼 있고요. 안경 앞에는 전면 카메라가 달려 있어서 주인의 눈앞에서 일어나는 상황을 파악할 수 있습니다. 안경 안쪽에도 카메라가 달려 있어서 주인의 눈동자를 추적할 수 있습니다. 전면과 후면 카메라를 이용하면 주인이 무엇을 보고 있는지를 자비스가 알 수 있는 거죠. 이뿐만이 아닙니다. 안경 뒤쪽으로 양쪽에 촉수 같은 것이 세 개 씩 나와 있는 게 보이시죠? 귀 위에 붙어 있는 센서는 맥박과 체온, 그리고 생체 저항을 측정할 수 있습니다. 그 뒤쪽에 있는 두 개의 센서를 이용하면 뇌파를 측정할 수 있습니다.

자, 이제 우리가 길을 걸어가고 있는 상황을 한번 상상해 봅시다. 한참 걸어가고 있는데 저 멀리 누군가가 나를 향해 걸어오다가 나를 보고는 반갑게 웃으며 인사를 합니다. 그런데 나는 이 사람이 낯이 익기는 한데 누군지 도통 기억이 나질 않습니다.

여러분들도 이런 경험 가끔 하시죠? 이럴 땐 우리가 취할 수 있는 반응이 두 가지밖에 없습니다. "죄송하지만 누구시죠?"라고 물으며 자신에게 솔직해지든지 아니면 모르는데도 "안녕하세요" 하면서 아는 척을 하는 거죠. 두 가지 시나리오 모두 다 그다지 유쾌한 상황은 아닐 겁니다. 그런데 만약 우리가 자비스가 탑재된 안경을 쓰고 있는 상황이라면 어떨까요?

일단 전면 카메라로 앞에 있는 누군가가 인사를 한다는 것을 알아채는 것은 현재의 인공지능 기술로도 충분히 가능합니다. 비교적 쉬운 기술에 속합니다. 자비스는 누군가가 주인님에게 아는 척을 한다는 것을 알아차리는 동시에 주인님의 반응이 평소와 다르다는 것도 역시 알아차리게 됩니다.

우선 후면 카메라로 주인님의 동공을 비춰 보니 동공의 크기가 갑자기 커졌습니다. 놀랐다는 뜻이죠. 맥박을 측정해 보니 맥박이 평소보다 빨라졌습니다. 긴장한 것이죠. 생체 저항 수치를 체크해 보니 저항이 감소했습니다. 땀이 갑자기 나고 있다는 것을 의미합니다. 뇌파를 체크해 보니 스트레스를 받을 때 발생하는 베타파의 수치가 갑작스럽게 상승합니다.

인공지능 비서인 '자비스'가 이 모든 상황을 종합해 보니 "앞에 있는 누군가가 우리 주인님을 보고 인사를 하는데 주인님이 그 사람이 누구인지 모르는 상황이구나"라는 것을 금방 알아챕니다.

그리고 자비스는 시키지도 않았는데 스스로 주인님의 클라우드 서버에 원격으로 접속합니다. 주인님이 안경을 착용하고 다니면서 만났던 사람들의 사진이 저장된 폴더에 접근해서 지금 앞에 있는 사람의 얼굴과 사진으로 저장된 사람들의 얼굴을 일일이 대조한 다음 그 사람이 누구인지를 알아냅니다. 그러고는 앞에 있는 사람의 이름과 함께 이전에 만났던 날짜, 시간, 그리고 그때 나눴던 대화의 요약문을 주인님이 착용하고 있는 안경의 투명 디스플레이에 띄워 줍니다. 그러면 주인은 아무렇지도 않은 듯 앞에 있는 사람에게 인사를 할 수 있겠죠. "안녕하세요~ 지난 번 업체와의 계약 문제는 잘 해결이 되셨죠?" 이렇게 말입니다. 어떻습니까? 우리 인간의 제한된 기억 능력을 인공지능이 너무나도 자연스럽게 보완해 주지 않습니까?

다른 상황을 하나 더 가정해 보겠습니다. 이번 주인은 스트레스를 받거나 하면 홈쇼핑에서 꼭 필요하지도 않은 물건을 충동구매하는 나쁜 습관이 있습니다. 지난달에도 쓰지도 않을 착즙기를 충동구매 하는 바람에 카드 값에 구멍이 났습니다. 아마 남 이야기가 아닌 분들도 꽤 많이 계시죠?

이번 자비스 사용자는 방금 충동구매 방지 앱을 다운로드 받아서 자비스 시스템에 설치했습니다. 자비스는 한동안 그저 주인님을 지켜보기만 합니다. 주인님이 인터넷 쇼핑몰에서 물건을 구매할 때마다 주인님의 생체신호 정보를 수집하면서 말이죠. 자비스는 생체신호를 측정하

는 것과 동시에 구매한 물품의 사용 빈도와 주인의 만족
도를 함께 모니터링합니다. 그 구매가 꼭 필요한 것이었
는지 확인하는 과정입니다.

이번 달에도 주인님의 카드값에 구멍이 났습니다.
구멍난 카드비를 메우려면 보너스가 예정된 두 달 뒤까
지 허리띠를 졸라매야 하겠네요. 이쯤 되자 자비스의 충
동구매 감시 모드가 실행됩니다. 주인님의 생체신호를 계
속해서 측정하면서 주인님이 충동구매를 할 때 나타나는
생체 반응과 유사한 생체 반응이 나타나는지를 모니터링
합니다.

이때, 갑자기 주인님의 뇌파에서 베타파가 증가하
고 심박변이도 수치가 감소합니다. 스트레스 지수가 높아
지고 있다는 증거입니다. 전두엽 알파파 대칭성이 급격히
감소합니다. 우울한 감정이 생겨나고 있다는 증거입니다.
아니나 다를까 전면 카메라에는 또다시 인터넷 쇼핑몰
화면이 잡힙니다. 이번에는 신상 노트북에 지름신이 강령
하셨네요.

주인님이 결제 버튼을 누르려는 순간, 자비스가 안
경 디스플레이에 메시지를 띄웁니다. "주인님, 이 제품 꼭
사야 하는지 다시 한번 생각해 보세요. 지금 쓰시는 제품
과 사양이 많이 다르지도 않습니다. 밖에 미세먼지 수치

가 좋은데 가볍게 저와 함께 산책 한번 하시는 게 어떠세요?" 이렇게 말이죠.

여러분, 사실 지금 보여 드린 서비스의 대부분은 현재의 기술로도 충분히 구현이 가능한 것들입니다. 아직 기계장치라든가 서비스의 시나리오 같은 것들이 준비가 덜 된 것뿐이죠. 제가 볼 때 앞으로 10년에서 15년이 지나면 이런 웨어러블 인공지능 비서가 일상생활에서 사용될 수 있을 겁니다. 못 믿으시겠다구요? 여러분, 10년 전까지만 하더라도 실제로 우리가 가정에서 인공지능 스피커에게 "TV 켜", "음악 틀어"와 같은 명령을 내리고 있을 거라고 상상이나 하셨나요?

그런데 저는 이런 '자비스' 기술이 완성되기 전에도 뇌를 읽어내는 뇌공학 기술과 인공지능 기술이 결합해 나올 수 있는 유용한 애플리케이션이 나올 거라고 생각합니다. 다음 장의 그림을 봐 주세요. 일곱 명의 학생들이 강의를 듣고 있는데 잘 보이지는 않지만 모든 학생들이 머리에 뇌파를 측정할 수 있는 작은 센서를 부착하고 있다고 합시다. 그리고 오른쪽에 안경을 착용하고 있는 선생님이 보이시죠? 선생님의 안경에는 투명 디스플레이 기능이 들어가 있다고 가정하겠습니다.

선생님이 수업을 하다가 두 번째 학생을 쳐다보면

선생님의 안경에는 이 학생의 이름과 지난 학기 성적과 같은 기본 정보와 함께 학생의 현재 이해도, 집중도, 지루함, 감정에 대한 수치가 그래프 형태로 뜨게 됩니다. 그러면 이 선생님은 학생의 현재 뇌 상태를 반영해서 설명하는 방식을 바꾼다거나 졸음을 날려버릴 수 있는 재미난 이야기를 해줄 수가 있겠죠.

제가 말씀드린 게 농담 같으시죠? 그런데 이 선생님이 인간 선생님이 아니라 인공지능 선생님이라면 이야기가 좀 달라집니다. 요즘 학생들이 가장 많이 쓰는 학습법이 뭔가요? 네, 바로 인터넷을 통해 동영상 강의를 보는 거죠. '이-러닝 e-learning'이라고 하는 학습법인데요. 그런데 기존의 인터넷 강의는 그냥 일방적인 동영상 플레

**뇌공학과 인공지능 기술이 결합된 수업용 안경의 예**

이였습니다. 동영상 속에 있는 선생님과 학습자 사이에 어떤 상호작용도 없죠.

그런데 만약에 개별 학습자의 현재 뇌 상태, 그러니까 집중도, 이해도, 지루함, 기분 상태 같은 정보가 인공지능 선생님에게 전달될 수 있다면 어떨까요? 학생의 현재 상태를 반영해서 탄력적으로 난이도를 바꾼다거나 콘텐츠를 바꿔줄 수 있지 않을까요? 학생이 지루함을 느낀다거나 집중력이 떨어지면 주위를 환기시키는 영상 콘텐츠 같은 것을 보여주면 되고, 이해도가 떨어진다면 다른 방식으로 설명하는 영상을 집어넣어 주면 될 겁니다.

이런 교육 방법이 실제로 대중화된다면 개인교습, 즉 과외의 필요성이 크게 줄어들게 될 겁니다. 우리가 과외를 받는 가장 근본적인 이유는 선생님이 개별 학습자의 이해도나 집중도 등을 시시각각 반영해서 개인 맞춤형으로 교육을 할 수 있기 때문인데요. 이처럼 뇌공학과 인공지능이 결합한 새로운 교육 방법이 탄생하게 된다면 보다 저렴하게 맞춤형 교육을 받을 수 있게 될 겁니다.

최근 저희 연구실에서 학생들에게 1시간짜리 동영상 강의를 틀어주고 뇌파로 집중력을 측정하면서 집중력이 일정 수준보다 떨어지면 집중력을 올리기 위한 콘텐츠를 보여주는 실험을 했습니다. 사실 제가 자기공명영상 기술의 원리에 대해 설명하는 동영상 강의였는데요. 이과 출신 학생들도 이해하기가 상당히 어렵기도 하고 수식이 많이 등장하기 때문에 집중하기도 어려운 강의입니다. 이 강의를 사전 지식이 전혀 없는 문과 출신 학생들에게 보여줬습니다.

저희는 일단 45명의 대학생을 모집한 다음 15명씩 세 그룹으로 나눴습니다. 한 그룹에게는 저희가 개발한 뇌공학 교육 방식을 적용했고 나머지 두 그룹에 속한 학생들에게는 그냥 동영상 강의만 틀어주거나 집중력을 따로 측정하지 않고 임의의 시점에 집중력 향상 콘텐츠를 틀어 줬습니다. 결과가 어떻게 나왔을까요? 놀랍게도 두 가지 대조군에 속한 학생들의 평균 시험 점수는 비슷하게 55점에 머물렀는데 비해 실험군에 속한 학생들의 평균 점수는 81점이나 됐습니다.

이와 비슷한 방식은 이미 영화 분야에 적용된 적이 있습니다. 미국의 영화감독인 리처드 램천<sup>Richard Ramchurn</sup>은 2018년에 〈더 모멘트<sup>The Moment</sup>〉라는 제목의 독립영화를 발표했습니다. 그런데 이 영화는 다른 영화들과 조금은 다릅니다. 일단 극장에서 상영하지 않습니다. 각자 랩탑이나 컴퓨터를 통해서 영화를 봐야 합니다. 이뿐만이 아닙니다. 관객들의 전전두엽에서 발생하는 뇌파를 측정하기 위해 뇌파 헤드셋을 머리에 착용한 상태에서 영화를 봅니다.

뇌파 헤드셋 장치는 관객들의 집중도와 심신 안정도를 시시각각 측정해서 수치화한 다음에 계속해서 영화의 배경음악, 등장인물, 스토리를 바꿔줍니다. 램천 감독은 27분 분량의 영화를 만들기 위해서 무려 75분 분량의 영상을 촬영했다고 합니다. 감독의 말에 따르면 이런 방식으로 무려 101조 개의 다른 영화가 만들어질 수 있다고 하네요.

이처럼 뇌공학과 인공지능이 결합한다면 많은 재미난 응용 사례들이 생겨날 것 같지 않으세요? 저는 언젠가 애플의 '아이브레인iBrain', 삼성의 '갤럭시 뉴로Galaxy Neuro', LG의 'G-브레인G-Brain'이 웨어러블 뇌파 시장의 주도권을 잡기 위해 경쟁하는 날이 오지 않을까 예상해 봅니다. 그러면 저와 같이 뇌파를 연구하는 사람들의 몸값이 좀 올라가겠죠?

그런데 여러분, 지금까지 제가 보여드린 뇌-인공지능 인터페이스는 여전히 시각과 청각을 통해 우리 뇌에 정보를 전달합니다. 하지만 저희 같은 뇌공학자들이 꿈꾸는 미래는 조금 다릅니다. 뇌공학자들은 언젠가 영화 〈공각기동대〉나 〈매트릭스〉에서처럼 우리 뇌에 직접 정보를 주입하고 우리의 생각을 읽어낼 미래가 올 것이라고 믿습니다.

그래서, 다음 주제로는 뇌기능을 보조하는 보조 인공 뇌, 즉 머릿속에 집어넣는 일종의 외장 하드디스크에 대해 알아보도록 하겠습니다.

# 우리 뇌기능을 보조하는
# 보조 인공두뇌는 가능할까?

●

우리의 뇌와 컴퓨터를 연결한다는 아이디어는 이미 40여 년 전부터 있어 왔습니다. 1973년 미국 UCLA의 자퀴스 비달Jacques Vidal 교수는 머리 표면에서 측정한 뇌파를 실시간으로 분석해서 외부 기계를 제어하는 아이디어를 제안하고 이를 '뇌-컴퓨터 인터페이스'라고 불렀습니다.

하지만 당시의 조악한 컴퓨터 기술로는 뇌-컴퓨터 인터페이스를 실제로 구현할 수는 없었습니다. 당시 대부분의 연구실에서는 천공카드punched card라고 해서 프로그램 코드 한 줄 한 줄을 특수한 종이 카드에 구멍을 뚫어

입력을 했습니다. 실시간으로 프로그램을 실행시킨다거나 바로 결과를 확인하는 것은 불가능했죠. 비달 교수의 뇌-컴퓨터 인터페이스 아이디어는 10여 년이 지난 1980년 무렵이 돼서야 실제로 구현이 될 수 있었습니다.

그런데 뇌와 컴퓨터를 연결할 수 있을 것이라는 아이디어는 대체 어디서 나온 걸까요? 그건 비달 교수의 학문적인 배경을 살펴보면 쉽게 짐작할 수 있습니다. 비달 교수는 원래 하이브리드 컴퓨터 시스템을 연구하는 전자공학자였습니다. 그러던 그가 인간의 뇌에 관심을 가지게 된 것은 근처 건물에서 신경생리학을 연구하던 호세 세군도Jose Segundo 교수를 만나면서부터였습니다.

1970년, 1년간의 연구연가를 세군도 교수의 연구실에서 보내면서 비달 교수가 한 일은 다름이 아니라 동물의 뇌에서 발생하는 신경신호를 컴퓨터를 이용해서 해석하는 일이었죠. 여러분, 뇌에서의 정보처리 과정은 신경세포와 신경세포가 서로 전기신호를 주고받으면서 일어난다고 생물 시간에 배우셨을 겁니다. 그런데 흥미로운 사실은 이 전기신호에 어떤 정보를 실어 보낼 때, 마치 컴퓨터 안에서 디지털 신호를 주고받는 것과 유사한 현상이 관찰된다는 겁니다. 일종의 모스부호morse code와 비슷하다고 생각하면 될 것 같은데요. 예를 들면,

"뚜뚜뚜-뚜---뚜---뚜뚜-뚜뚜뚜뚜-----뚜"

이런 식의 신호가 잡힙니다. 우리가 신호에 정보를 실어서 전송할 때 사용하는 방식에는 크게 두 가지가 있습니다. 하나는 '진폭 변조Amplitude Modulation'라는 방식인데요. 라디오에서 AM, FM이라는 말을 들어 보셨죠? 여기서 AM이 바로 진폭 변조의 약자입니다. 이건 말 그대로 주파수는 고정시켜 두고 진폭을 올렸다 내렸다 하면서 그 진폭에 정보를 실어 보내는 겁니다.

다른 방식인 FM은 우리말로 '주파수 변조Frequency Modulation'라고 하는데요. 진폭은 고정시켜 놓고 주파수를 빠르게 혹은 느리게 바꿔서 정보를 신호에 집어넣는 것이죠. 그런데 뇌에서의 정보처리는 FM, 즉 주파수 변조와 비슷하게 일어납니다. 신호의 강도가 커지고 작아지는 것이 아니라 신호의 크기는 일정하고 신호가 발생하는 빈도만 달라집니다. 신호가 없을 때를 0, 신호가 있을 때를 1이라고 하면 앞서 예시로 든 모스부호 같은 신호는 다음처럼 적을 수 있겠네요.

"1110100010001101111000001"

여러분 이걸 보면 무엇이 연상되나요? 컴퓨터는 0과 1밖에 인식을 못 한다고 하잖아요? 바로 우리 머릿속 신경세포가 컴퓨터 안에서 신호를 처리하고 저장하는 디지털 방식을 이용하고 있는 겁니다. 컴퓨터공학자인 비달 교수가 쥐의 신경세포에서 측정되는 디지털 신호를 보면서 어떤 생각을 했을지 짐작이 되지 않나요?

그렇습니다. '컴퓨터도 디지털 방식으로 작동하고 우리 뇌의 신경세포도 디지털 방식으로 작동하니까 이 둘을 결합하면 우리 뇌로 컴퓨터를 조작할 수 있겠다'라고 생각했던 거죠. 물론 우리는 50년이 지난 현재까지도 뇌의 디지털 언어를 완벽하게 이해하지 못하고 있습니다.

쉬운 일은 아니겠지만 언젠가 뇌와 인공지능을 결합할 수도 있겠다는 생각이 들게 하는 여러 연구들이 있습니다. 뇌-컴퓨터 인터페이스 분야에서 가장 앞서 가는 국가인 미국에서는 원숭이의 뇌에 바늘 형태의 전극을 이식하고 생각만으로 로봇팔을 움직이는 실험에 성공했었죠. 이에 대해선 1부에서 다뤘었습니다.

2004년에는 브라운대학교 연구팀이 매슈 네이글Matthew Nagle이라는 사지마비 환자의 대뇌 운동피질에 100개의 작은 바늘이 달려 있는 전극을 집어넣고 생각만으로 마우스 커서를 움직이게 하는 데 성공했죠. 8년 뒤인 2012년에는 역시 브라운대학교 연구팀이 마우스 커서 조작 대신 생각만으로 로봇팔을 움직이게 하는 데 성공했습니다.

제3부 브레인 3.0, 진화하는 인간의 뇌

역시 2012년에는 피츠버그대학교 연구팀이 생각만으로 로봇팔을 조작하는 데 성공했는데요. 무려 9자유도$^{9\ DOF}$를 가진 로봇팔을 사람의 진짜 팔처럼 부드럽게 조작하는 데 성공해 사람들의 탄성을 자아내기도 했습니다.

뇌-컴퓨터 인터페이스 기술은 이후에도 정말 눈부시게 빠른 속도로 발전을 거듭하고 있습니다. 2015년에는 미국 칼텍 연구팀이 생각만으로 로봇팔을 조작하는 데 성공했습니다. 그런데 이 연구는 기존 연구들과는 달리 사람의 팔다리를 움직이는 데 쓰이는 대뇌 운동영역에서 측정되는 신경신호를 이용하지 않고 두정엽 부위에서 발생하는 신경신호를 이용했습니다. 팔다리를 움직이는 상상을 하는 대신 다른 생각으로 사물을 움직일 수 있는 가능성을 보여준 겁니다.

2016년에는 오하이오주립대학교 연구팀이 신경이 끊어져서 팔 아랫부분을 움직이지 못하는 환자의 팔에 전기자극을 가할 수 있는 전극을 붙인 다음 생각만으로 팔을 움직이게 하는 데 성공했습니다. 뇌-컴퓨터 인터페이스의 발전이 정말 놀랍지 않으신가요? 그렇다면 그다음은 무엇일까요?

네, 이제는 생각만으로 로봇팔을 제어하는 데서 한발 더 나아가 로봇팔에 감각을 부여하기 시작했습니다.

2016년, 피츠버그대학교의 로버트 곤트<sup>Robert Gaunt</sup> 교수 연구팀은 로봇의 손가락에 압력센서를 부착한 다음, 손가락을 건드리면 대뇌 감각피질에 전기자극이 가도록 해 어떤 손가락을 건드렸는지를 알아내게 하는 실험에 성공했습니다. 이제 생각으로 로봇팔을 움직이는 것에서 더 나아가 로봇팔이 느끼는 감각을 사람이 직접 느끼는 것도 가능해진 거죠.

**로봇팔에 닿는 감각이 사람에게도 느껴지는 수준에 도달했다.**

말씀드린 연구들에 비해서는 상대적으로 덜 알려져 있기는 하지만 어찌 보면 훨씬 대단한 연구결과가 있습니다. 1999년 미국 UC 버클리의 양 댄<sup>Yang Dan</sup> 교수가 놀라운 실험 결과를 발표합니다. 댄 교수는 중국계 미국인인 여성 뇌과학자인데요. 당시 UC 버클리에 갓 임용된 상황이었습니다.

고양이의 뇌에는 LGN<sup>Lateral Geniculate Nucleus</sup>이라는 부위가 있는데요. 우리말로는 측면슬상핵이라고 합니다. 사람에게도 똑같은 이름의 부위가 있고 같은 기능을 합니다. 포유류에게서 시각 정보가 처음으로 뇌에 전달되는 부위입니다. 우리는 보통 뒤통수 아래에 있는 후두엽 부위에 시각피질이 있다고 알고 있는데요. 이 시각피질에 정보가 전달되기 전에 LGN을 먼저 거치게 됩니다. 댄 교수는 이 LGN 영역에 177개의 바늘 모양의 전극을 이식했습니다. 그런 다음 고양이의 눈앞에 어떤 영상을 보여줄 때 고양이의 LGN에서 측정되는 신경신호를 해독해서 고양이가 보고 있는 것을 영상으로 복원하는 데 성공했습니다.

여러분, 다음 장의 그림을 함께 봅시다. 보여드리는 그림의 윗줄이 고양이 눈앞에 보여준 그림이구요. 아랫줄이 고양이 뇌에서 나온 신호를 이용해서 복원한 그림입니다. 사물의 대략적인 형태가 보이시나요? 이 결과가 발표됐을 때, 전 세계 뇌과학자들이 모두 밤잠을 설쳤습니다. 왜일까요? 우리는 시각피질을 사물을 볼 때만 쓰는 게 아닙니다. 꿈을 꾸거나 상상을 할 때도 시각피질을 쓰거든요. 뇌의 시각피질에서 가져온 신호로 영상을 재구성할 수 있다는 이야기는 우리의 꿈을 영상으로 만들어서 컴퓨터에 저장하는 게 가능하다는 뜻이기 때문입니다.

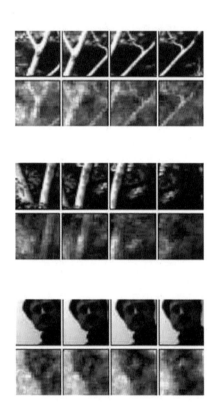

**고양이의 뇌에서 발생한 신경신호로부터 복원한 이미지**

(출처 – Stanley 등, Journal of Neuroscience (1999))

196

제3부 브레인 3.0, 컴퓨터와 인간두뇌

댄 교수의 실험이 가능했던 이유는 우리 뇌가 시각위상Visuotopy이라는 특성을 가지고 있기 때문입니다. 우리가 어떤 대상을 볼 때, 눈앞에 보이는 장면이 작은 화소pixel들로 구성돼 있다고 가정합시다. 마치 TV를 가까이서 보면 작은 점들이 보이는 것처럼 말이죠. "이 작은 점 하나하나가 우리 뇌의 시각피질에 있는 수많은 신경세포 하나하나에 일대일로 대응이 된다"라고 생각하시면 됩니다. 따라서 우리 시각피질에 있는 모든 신경세포의 활동을 읽어낼 수 있다면 우리가 보고 있는 것을 영상으로 만드는 것은 충분히 가능한 일이죠.

그런데 문제는 우리 인간의 뇌는 고양이의 뇌와 달리 주름이 많이 져 있기 때문에 바늘 모양으로 생긴 딱딱한 전극을 붙이기가 쉽지 않습니다. 이뿐만이 아닙니다. 우리 뇌의 LGN은 뇌의 너무 깊은 곳에 있고 그 다음으로 시각 정보가 전달되는 일차시각피질은 대뇌의 좌반구와 우반구가 마주보는 안쪽 벽medial wall에 위치하고 있어서 수술이 쉽지가 않습니다.

그런데 우리 인류는 쉽게 포기하지 않죠? 2012년에 미국의 존 로저스John Rogers 교수 연구팀은 스타킹처럼 자유롭게 늘어나고 휘어져서 주름진 뇌의 표면에 스티커처럼 붙일 수 있는 전극을 개발하는 데 성공합니다. 그림을 함께 보시죠. 아래 그림에서 뇌의 표면에 쿠킹호일 같은 게 붙어 있는 것이 보이시나요? 이것이 바로 로저스 교수 연구팀이 개발한 전극입니다. 물론 사람의 뇌는 아니고 쥐의 뇌지만요.

그런데 이런 기술이 개발돼 있는데 왜 아직까지 사람의 뇌에 이런 전극이 이식이 안 됐을까요? 두 가지 이유가 있습니다. 첫 번째 이유는 로저스 교수가 개발한 전극을 뇌에 삽입할 때도 여전히 두개골을 열고 전극을 집어넣는 위험한 수술이 필요하기 때문입니다. 두 번째 이유는 이러한 위험을 무릅쓰고 이런 수술을 할 만큼의 필

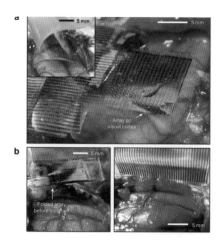

**로저스 교수 연구팀이 개발한 스티커 형태의 유연한 전극**
(출처 - Nature Neuroscience, 2012)

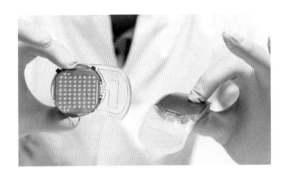

**프랑스 클리나텍의 위매진 시스템**(출처 - 클리나텍 홈페이지)

요성이 없기 때문입니다. 여러분, 과연 '꿈'을 저장하고 싶다고 머릿속에 이런 장치를 집어넣을 사람이 있기는 할까요?

그래서 '어떻게 하면 위험한 수술을 피하면서 뇌에서 발생하는 신경신호를 잘 측정할 수 있을까?'에 대한 뇌공학자들의 고민이 시작됐습니다. 프랑스의 신생기업인 클리나텍CLINATEC은 위매진WIMAGINE이라는 이름의 뇌신호 측정 시스템을 개발했습니다. 여러분이 보시는 위 그림에 있는 전극인데요. 이걸 어떻게 뇌에 삽입할까요? 자, 제가 힌트를 하나 드리겠습니다. 이 장치의 두께가 사람 두개골의 두께와 비슷합니다. 대충 감이 오시나요?

그렇습니다. 두개골에 이 장치와 똑같은 크기의 구멍을 뚫은 다음에 구멍이 난 자리에 이 장치를 쏙 끼워 넣는 겁니다. 아마 얼굴을 찡그리시는 분들도 계실 텐데요. 사실 생각해 보면 우리가 사고로 팔이나 다리의 뼈가 심하게 부러지면 그 자리에 금속으로 만든 인공 뼈를 집어 넣잖아요. 그것과 전혀 다르지 않습니다. 오히려 두개골은 팔다리 뼈와 달리 움직이는 뼈가 아니기 때문에 훨씬 더 빨리 굳습니다.

이렇게 장치를 두개골에 집어넣으면 그림에서 보시는 것처럼 장치 아랫면에 올록볼록한 돌기가 있는데요. 이 돌기가 뇌에서 발생하는 신경신호를 읽어 들이게 됩니다. 돌기 모양의 전극을 이용해서 측정한 뇌 신호는 무선으로 우리 휴대폰이나 컴퓨터로 전송이 가능합니다. 2018년에는 이 장치를 뇌에 삽입한 장애인이 입는 형태의 로봇인 '외골격 로봇exoskeleton robot'을 착용하고 생각만으로 걸음을 걷는 데 성공하기도 했습니다.

그런데 제가 2017년에 이 장치를 개발한 연구소장님을 우연히 만나 이야기를 나눈 적이 있었는데요. 이때 소장님이 재미난 말씀을 하셨습니다. "지금처럼 머리의 한 위치에만 위매진을 삽입하면 그 아랫부분의 뇌 활동밖에 읽을 수 없으니, 머리의 여러 군데에 구멍을 뚫고 위매진 여러 개를 집어넣으면 뇌 전체의 활동을 읽어낼 수가 있지 않을까?" 역시 벌써부터 얼굴을 찌푸리시는 분들이 많이 계실 것 같네요. 그리고 지금쯤 졸리는 분들도 계실 것 같으니 제가 잠이 깰 만한 이야기를 좀 더 해 드릴까요?

여러분, 혹시 아메리칸 인디언들이 적에게 공포심을 안겨주기 위해 머리가죽을 벗겨서 전리품으로 간직했다는 이야기를 들으신 적이 있으신가요? 끔찍한 일이기는 하지만 머리가죽을 벗기는 것은 뇌수술을 하기 위해 가장 먼저 해야 하는 일입니다. 머리가죽은 성긴 결합조직으로 돼 있어서 상당히 쉽게 벗겨진다고 합니다.

그런데 아메리칸 인디언들이 했던 것처럼 칼로 두피를 한 바퀴 돌리면서 벤 다음에 두피를 벗기고 나면 두개골이 보이겠죠? 두개골을 전기톱으로 한 바퀴 돌리면서 잘라낸 뒤 이를 들어 올리면 뭐가 나올까요? 네, 뇌가 보일 겁니다. 두개골과 뇌 사이에는 뇌척수액이라고 불리는 액체가 들어 차 있다고 들어보셨을 겁니다. 그러면 두개골을 들어 올리면 이 액체가 확 쏟아지겠네요?

사실은 그렇지 않습니다. 뇌척수액 바깥쪽에는 경뇌막dura mater이라고 불리는 얇고 투명한 막이 있어서 내용물이 쏟아지지 않습니다. 요즘 3D 프린터가 많이 발달돼 있지요. 이 프린터로 잘라낸 두개골과 똑같은 모양이면서 안쪽 면에 신경신호 측정용 전극이 촘촘하게 박혀 있는 인공두개골을 만들 수 있습니다. 이걸 들어낸 두개골 자리에 집어넣고 벗겨낸 두피를 다시 덮어서 꿰매면 두개골을 인공두개골로 대체한 '바이오닉맨'이 탄생하는 거죠. 물론 실제로 이런 수술을 받고 싶으신 분은 아무도 안 계시겠죠(실제로는 두개골에 혈관 등이 붙어 있기 때문에 쉬운 수술은 아닙니다)?

자, 이제 잠이 좀 깨셨나요? 그런가 하면 2016년에 오스트레일리아에서 개발된 스텐트로드 Stentrode라는 이름의 장치도 있습니다. 혹시 '스텐트 Stent'가 뭔지 아시나요? 스텐트는 막히거나 좁아진 혈관을 확장시키기 위한 그물망 형태의 구조물을 가리키는데요. 요즘 심장이나 뇌혈관 질환을 가진 분들이 늘어나서 우리나라에서도 많이들 시술을 받습니다. 한국 사람의 몸속에 들어간 스텐트 개수를 모두 합치면 100만 개가 넘는다고 하네요. 물론 한 사람에게 하나만 넣는 것이 아니라 10개까지 넣기도 하니까 실제로 스텐트 시술을 받은 사람은 수십만 명 정도일 겁니다.

제가 스텐트를 혈관 속에 삽입하는 것을 '수술'이라고 부르지 않고 '시술'이라고 불렀는데요. 그만큼 간단한 수술이라는 걸 알 수 있습니다. 예를 들어 오늘 오후에 시술을 받으면 내일 오후면 퇴원할 수 있을 정도로 비교적 간단한 시술입니다. 물론 부작용을 방지하기 위해서 몇 가지 약을 한동안 먹어야 하지만요.

스텐트로드라고 불리는 장치는 스텐트에 전기신호를 받을 수 있는 전극을 붙여 놓은 겁니다. 이 스텐트로드를 목에 있는 혈관을 통해 밀어 올리면 대뇌에 있는 혈관까지 보낼 수가 있는데요. 뇌 가까운 곳까지 스텐트로드를 보낸 뒤에 뇌 신호를 바로 옆에서 받아오는 거죠. 이쯤 되면 뇌에다가 스텐트로드를 집어넣는 사람이 나올 법 하지 않나요?

어때요. 한번 넣어 볼 생각이 있으신가요? 하하, 이 이야기는 좀 있다가 다시 하도록 하죠. 아까 책의 시작 부분에 제가 일론 머스크가 만든 신생 회사인 뉴럴링크를 소개해 드렸는데요. 이 뉴럴링크가 처음 만들어질 때는 뇌 안에 뉴럴 레이스라는 이름의 액체 그물망을 집어넣겠다고 발표했었습니다. 그후 2019년 7월 뉴럴링크에서 2년간의 연구결과를 발표하는 자리를 가졌는데요. 이 자리에 일론 머스크가 직접 등장해서는 특이한 기계를 떡하니 내놓았습니다. 바로 다음 장의 이미지를 보시죠.

여러분, 이게 무엇처럼 보이세요? 잘 모르시겠죠? 한마디로 '자동 바느질 기계'입니다. 그럼 옷 만드는 기계냐구요? 아닙니다. 그 옆의 이미지를 보시면 이해가 되실

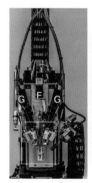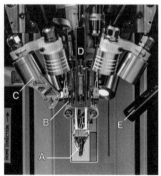

**뉴럴링크가 개발한 전극 삽입 수술 로봇** (출처 - BioRxiv, 2019)

겁니다. 이 기계는 실 형태로 만든 전극을 뇌 표면에 바느질하듯이 박아 넣고 있습니다. 이 기계를 이용하면 아주 빠른 속도로 뇌 표면에다가 전극을 촘촘하게 박아 넣는 게 가능하다고 하는데요(엄밀히 말하면 뇌 표면은 아니고 경뇌막 표면입니다).

사실 일론 머스크가 뉴럴링크 발표회를 열겠다고 했을 때, 많은 뇌공학자들이 큰 기대를 했었습니다. 엄청난 규모의 연구비를 투자해서 연구를 진행했기 때문이죠. 제가 생체 전극 분야 전문가 분께 뉴럴링크의 이번 발표에 대해 어떻게 생각하시느냐고 여쭤 보았더니 그 분은 이렇게 말씀하셨습니다. "바늘과 실을 새로 만들라고 했더니 바느질 기계를 만들었네."

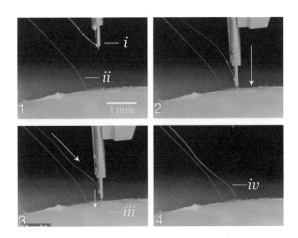

뉴럴링크의 수술 로봇을 이용한 실 형태의 전극 삽입 시연 장면

(출처 - BioRxiv, 2019)

　　이렇게 비판하는 목소리도 있기는 하지만 머리 표면에 이처럼 높은 밀도로 전극을 삽입하는 기술은 지금까지 개발된 적이 없었습니다. 많은 뇌공학자들은 뉴럴링크의 기술을 이용하면 아주 정밀하게 뇌 활동을 읽어낼 수 있을 것으로 기대하고 있습니다.

　　그런데 뇌공학자들이 뉴럴링크에서 더 대단한 무언가가 나올 것이라고 기대하는 데에는 다 이유가 있습니다. 뉴럴링크의 창립 멤버 중에는 한국계 과학자가 한 명 있습니다. 서동진 박사라는 분인데요. 이 분은 미국 UC 버클리에서 박사학위를 받으면서 '신경먼지neural

<sup>dust</sup>'라는 것을 최초로 제안했습니다. 이 신경먼지가 미래 뇌신호 측정 기술을 완전히 바꿔놓을지도 모른다는 전망이 나오고 있는데 바로 그 기술을 만든 장본인이 뉴럴링크에서 일하고 있으니 사람들이 충분히 기대할 만하죠.

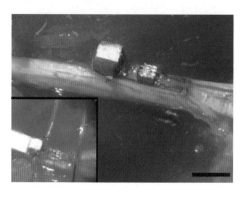

**뇌 표면에 부착된 신경먼지. 크기가 1mm 내외에 불과하다.**
(출처 - 서동진 박사의 학위 논문, UC Berkley, 2016)

신경먼지는 신경신호 측정 장치를 먼지처럼 작게 만든 다음에 뇌 표면에다가 이것을 '스테이크에 소금이나 후추를 치듯이' 뿌려 버리겠다는 개념입니다. 그런데 여러분 약간의 의문이 들지 않으세요? 각각의 신경먼지가 측정하는 신호는 무선으로 머리 밖의 수신기로 전송할 수 있다지만 각각의 신경먼지에 전력을 공급해야 하잖아요. 이 문제는 어떻게 해결할 수 있을까요?

그런데 놀랍게도 이 신경먼지는 전혀 배터리를 필요로 하지 않습니다. 바로 초음파 트랜스듀서transducer라는 것을 쓰기 때문인데요. 트랜스듀서라는 것은 일종의 에너지 변환 장치입니다. 빛을 전기로 바꾼다거나 전기를 소리나 진동으로 바꾸는 장치 등은 모두 트랜스듀서라고 할 수 있습니다.

초음파 트랜스듀서는 보통 압전체piezoelectric material라는 물질을 이용합니다. 압전체는 재미난 성질을 갖고 있는데요. 압전체에 압력을 가하면 전기가 발생하고 반대로 전기를 가하면 압전체의 형태가 변합니다. 압전체로 만든 트랜스듀서를 뇌 표면에 붙여놓으면 트랜스듀서 아래에 있는 신경세포가 활동을 할 것이 아니에요?

앞서 1부에서 신경세포가 활동하면 '활동전위'라는 것이 발생한다고 했던 것이 기억나는 분들도 있을 것입니다. 활동전위는 수밀리초 정도의 아주 짧은 시간 동안에 생겼다가 사라지기 때문에 순간적으로 발생하는 펄스pulse 형태의 전류라고 생각하시면 됩니다.

그런데 압전체 트랜스듀서는 특정한 주파수로 진동하는 전류가 입력으로 들어오면 그 주파수에 맞춰서 진동을 하도록 만들 수가 있습니다. 예를 들어서 100kHz의 전류에 반응하도록 만들어진 트랜스듀서에

100kHz의 교류 전류가 실제로 들어오면 이 트랜스듀서가 100kHz의 주파수로 진동을 합니다. 1초에 10만 번 진동한다는 뜻이죠. 그러면 이 진동이 소리 에너지로 변환되는데요. 실제로 100kHz는 우리가 들을 수 있는 가청주파수 대역을 벗어나기 때문에 통상 초음파<sup>ultrasound</sup>라고 부르는 소리입니다.

아무튼, 이 트랜스듀서에 높은 주파수의 교류 전류 신호를 집어넣으면 외부 전원이 없이도 초음파를 발생시킬 수 있다는 의미입니다. 그런데 이 트랜스듀서에 아주 짧은 시간 동안 생겼다가 사라지는 펄스 형태의 전류를 입력으로 넣어 주면 어떤 일이 생길까요? 놀랍게도 이 경우에도 트랜스듀서는 100kHz의 초음파를 생성합니다.

좀 어려운 이야기지만 짧은 시간 동안에 나타났다 사라지는 펄스 신호 안에는 아주 넓은 범위의 주파수 성분들이 모두 들어가 있습니다. 사실 이건 푸리에 변환<sup>Fourier Transform</sup>이라는 이론을 알아야 이해할 수 있는 건데요. 시간에 따라서 변하는 신호에 푸리에 변환을 적용하면 이 신호에 포함된 주파수 성분을 알아낼 수 있습니다. 예를 들어 60Hz의 사인<sup>sine</sup> 파형을 푸리에 변환하면 주파수 영역에서 60Hz에서만 값을 가지게 되는 거죠. 그런데 짧은 시간 동안에 발생했다가 사라지는 펄스를 푸리에 변환하면 모든 주파수에서 다 값을 가집니다.

짧은 시간 동안에 '번쩍'하면서 나타났다가 사라지는 신호가 뭐가 있을까요? 제가 이미 힌트를 드렸죠? 네, 바로 '번쩍'하는 번개입니다. 번개가 피뢰침을 때릴 때 피뢰침에서 전류를 측정하면 펄스 형태의 신호가 측정이 될 겁니다. 이와 비슷한 것으로 전자기 펄스<sup>ElectroMagnetic</sup> Pulse, EMP라는 것이 있습니다. 핵무기와 같은 강력한 폭탄을 지상이 아닌 공중에서 터트리면 EMP가 발생합니다. 이런 무기를 EMP탄이라고 부릅니다. 그런데 EMP탄이 터지면 지상에 있는 모든 전자기기가 다 고장이 납니다. 혹자는 전 세계의 상공에서 EMP탄이 터지면 전 인류가 다시 원시시대로 돌아가게 된다고 비유하기도 합니다.

그런데 우리가 일상에서 사용하는 전자기기들은 모두 다른 주파수로 작동합니다. 우리가 불을 켤 때 쓰는 전구는 60Hz의 주파수로 작동하고 컴퓨터는 수GHz, 휴대폰도 수GHz의 주파수로 작동합니다. 그런데 왜 EMP가 발생하면 모든 전자기기를 쓸 수 없게 될까요? 왜냐하면 EMP처럼 순간적으로 발생하는 펄스 안에는 모든 주파수 성분이 다 포함돼 있기 때문입니다. 그래서 모든 주파수를 쓰는 장비를 망가뜨릴 수 있는 거죠.

제가 학부 2학년생을 대상으로 하는 수업 때 이 부

분 강의를 하면서 스타크래프트라는 게임을 예로 드는데요. 여러분들 중에는 아마 스타크래프트라는 게임을 말로만 들어보고 실제로 플레이를 해 보지 못한 분들도 많이 있으리라 생각합니다. 스타크래프트에는 세 종족이 등장하는데요. 그중에서 인간 종족인 '테란'과 기계 종족인 '프로토스'가 있습니다. 테란의 유닛 중에서 '사이언스 베슬Science Vessel'이라는 UFO처럼 생긴 비행체가 있는데요. 이 비행체가 프로토스를 상대로 쓸 수 있는 무기 중에 EMP 쇼크 웨이브(충격파)라는 것이 있습니다. 그러면 특정 반경 안에 있는 프로토스나 테란의 기계장치에 피해를 입힐 수가 있습니다. 기계장치가 사용하는 주파수가 모두 다르더라도 EMP 충격파 안에는 모든 주파수가 다 포함돼 있으니 가능한 일입니다.

이야기가 다른 곳으로 좀 샜는데요. 여러분들이 기억하셔야 할 것은 트랜스듀서 아래에서 활동전위가 발생하면 이 트랜스듀서가 특정한 주파수로 진동하는 초음파를 방출할 수 있다는 사실입니다. 하나 더 알아두셔야 할 것은 초음파 트랜스듀서의 형태나 재료를 조금씩 바꾸면 각각의 트랜스듀서가 만들어 내는 초음파의 주파수를 조금씩 다르게 할 수 있다는 것입니다. 이러한 현상을 뇌에 적용하면 어떨까요?

예를 들어 뇌 표면의 서로 다른 위치에 세 개의 신경먼지를 붙여 놓았는데 각각 만들어 내는 초음파의 주파수가 100kHz, 101kHz, 102kHz라고 가정해 보겠습니다. 머리 밖에 초음파 수신기를 달고 지금 몇 Hz의 주파수를 가진 초음파가 발생하는지를 알아내면 뇌의 어느 부위가 활동하고 있는지를 실시간으로 알 수 있는 겁니다. 이런 식으로 뇌 위에 아주 많은 신경먼지를 뿌려놓으면 뇌의 여러 부위에서 일어나는 뇌 활동을 실시간으로 파악할 수 있게 되는 거죠. 조금 어려운 개념이지만 정말 재미있고 놀라운 발상이 아닌가요? 앞으로 뉴럴링크에서의 서동진 박사의 활약을 기대해 봐도 좋을 것 같습니다.

자, 그런데 여러분, 스텐트로드라든가 실 모양의 전극이 나온다고 하더라도 여전히 뇌수술은 필요하잖아요? 모든 수술은 위험합니다. 심지어 스텐트를 삽입하는 시술도 여러 가지 부작용이나 후유증의 가능성이 있습니다. 그런데 이런 수술을 단순히 꿈을 저장하거나 생각을 읽어내겠다는 목적으로 보통의 사람들이 받으려고 할까요? 여러분들이라면 누가 돈을 줄 테니 이 수술을 받으라고 하면 받으시겠습니까? 네, 그래서 꿈을 저장하는 것보다 더 중요한 동기가 필요한 거죠. 그렇다면 기억을 저장하고 이식할 수 있다면요? 구미가 더 당기지 않으신가요?

2012년 미국 남가주대학교 시어도어 버거<sup>Theodore</sup> Berger 교수 연구팀에서 해마칩<sup>hippocampus chip</sup>이라는 장치를 발표합니다. 버거 교수 연구팀이 한 일은 해마의 구조를 모방한 인공 신경망이 구현된 마이크로칩을 만든 것입니다. 해마는 뇌의 조직이나 기관 중에서 구조가 가장 단순해서 비교적 쉽게 모방이 가능했습니다

해마는 뇌의 깊은 곳에 있는 작은 기관의 이름인데요. 바닷속에 사는 해마<sup>sea horse</sup>와 비슷하게 생겼다고해서 해마라고 부릅니다. 해마의 기능 중에서 가장 중요한 것을 딱 하나만 꼽으라면 단기기억을 장기기억으로 변환시키는 역할을 꼽습니다. 해마가 손상되면 단기기억을 장기기억으로 바꿀 수 없어서 조금 전에 있었던 일도 금방 잊어버립니다. 〈메멘토<sup>Memento</sup>〉라는 영화를 보면 주인공의 해마가 손상돼서 장기기억을 할 수 없는 상황에 놓입니다. 그래서 중요한 기억을 몸에다가 문신으로 새겨놓는 장면이 등장합니다.

버거 교수 연구팀은 이 해마칩을 해마가 손상된 쥐의 해마에 부착을 했습니다. 그런 다음에 해마의 손상된 부분 앞에서 측정되는 신경신호를 받아서 해마칩을 통과시키고 해마칩의 출력으로 나오는 전기신호를 해마의 손상 부위 뒤쪽에 흘려주는, 일종의 우회 경로를 만들어 주

었습니다. 그랬더니 해마가 망가져 장기기억을 만들지 못
하던 쥐가 장기기억 변환 능력을 약간 회복했다는 결과
를 발표했습니다.

　여기까지도 충분히 대단한 연구이지만 버거 교수
는 새로운 시도를 감행했습니다. 버거 교수 연구팀은 두
마리의 쥐에 해마칩을 이식했습니다. 그런 다음에 한 마
리의 쥐를 사방이 막힌 방 안에 집어넣었습니다. 그 방 안
에는 두 개의 레버가 있었는데요. 왼쪽 레버를 누르면 아
무런 일도 일어나지 않지만 오른쪽 레버를 누르면 달콤
한 설탕물이 나오게 되어 있었습니다.

　그 방에 한 마리의 쥐를 먼저 집어넣습니다. 쥐는
콧수염을 움직이며 방 안을 탐색합니다. 그러다가 왼쪽
레버를 발견하고는 레버를 눌러봅니다. 아무런 일도 일어
나지 않겠죠. 다시 탐색을 계속하다가 오른쪽 레버를 발
견하고 눌러봅니다. 그러자 쥐가 좋아하는 달콤한 설탕물
이 빨대에서 나오는 것을 발견하고 계속해서 레버를 눌
러서 설탕물을 받아 마십니다.

　이 과정 동안 이 쥐의 해마칩에 저장된 신경신호를
받아서 이 방에 한 번도 들어간 적이 없던 다른 쥐의 해마
칩에 신호를 흘려줍니다. 그런 다음에 그 쥐를 방 안에 넣
어 줍니다. 어떤 일이 일어났을까요?

네, 이미 눈치가 빠르신 분들은 짐작하신 것 같네요. 쥐는 방 안을 탐색하던 과정을 다 뛰어넘고 바로 오른쪽 레버로 달려가서 레버를 계속 눌러 설탕물을 받아 마셨습니다.

물론 상당히 논란의 여지가 많은 실험입니다. 『네이처』나 『사이언스』 같은 저명 학술지에 발표된 연구결과도 아닙니다. 하지만 버거 교수 연구팀은 이 실험을 통해 한 개체의 기억과 경험을 다른 개체로 이식할 수 있는 가능성을 보여줬다고 스스로 평가합니다. 상상의 나래를 좀 더 펼쳐본다면 이런 기술이 정말로 가능해지면 아인슈타인과 같은 천재 과학자의 기억과 경험을 우리 뇌로 이식하는 것도 가능하지 않을까요? 그런데 이런 연구는 부차적인 주제이구요. 사실 버거 교수 연구팀이 이 연구를 지속하는 이유는 따로 있습니다.

바로 우리 머릿속에 보조 기억장치를 집어넣으려고 하는 것입니다. 하드디스크를 머릿속에 집어넣겠다는 거죠. 사람의 뇌에 해마칩을 이식한 다음에 해마를 지나가는 신경신호를 측정해서 두개골에 이식된 메모리 장치에 저장합니다. 그리고 이 메모리에 저장된 정보가 필요할 때마다 정보를 다시 끄집어내서 해마칩을 통해 전기신호 형태로 흘려주는 거죠.

그런데 이런 장치가 과연 왜 필요할까요? 시험을 잘 칠 수 있게 하려구요? 더 똑똑해지고 싶어서요?

아닙니다. 사실 이 장치는 알츠하이머 치매에 걸린 사람들을 위해 개발되고 있습니다. 알츠하이머 치매에 걸리면 뇌의 여러 부위에서 위축이 일어나는데요. 뇌가 쪼그라든다는 뜻입니다. 일반적으로 가장 먼저 위축이 일어나는 부위가 바로 해마입니다. 그래서 알츠하이머에 걸리게 되면 가까운 기억부터 깜빡깜빡 잊어버리게 되는 거죠. 해마칩을 알츠하이머 치매에 걸린 사람의 뇌에 이식한다면 환자의 삶의 질을 높일 수 있지 않을까요?

버거 교수 연구팀에서는 이 장치를 사람에게 이식하겠다는 목표로 연구를 계속하고 있는데요. 최근에는 '커넬Kernel'이라는 이름의 스타트업 회사도 설립했다고 합니다. 버거 교수와 공동연구를 하고 있는, 남가주대학교의 동 송Dong Song 교수와 얼마 전에 개인적으로 만나 이야기를 나눈 적이 있습니다. 송 교수에게 언제쯤 사람의 뇌에 해마칩을 이식할 수 있을 것으로 생각하는지 솔직하게 말해달라고 했더니, 송 교수는 2026년을 목표로 하고 있다고 대답하더군요. 생각보다 얼마 남지 않았죠? 앞으로 몇 년만 지나면 머릿속에 보조 기억장치를 넣고 살아가는 사람이 등장한다는 이야기니까요.

실제로 연구가 되고 있는지는 저도 알 수가 없습니다만 앞으로 기술이 더 발전한다면 보조 연산장치도 뇌에 삽입할 수 있을 것으로 기대하는 연구자들도 있습니다. 우리가 수학 문제를 푼다고 가정하면 문제를 어떻게 풀어야 할지에 대한 구상은 전전두피질prefrontal cortex에서 하고 잡다한 계산은 머릿속에 집어넣은 보조 연산장치를 이용해서 할 수 있을 것이라는 상상입니다. 정말 이런 기술이 가능할지에 대한 판단은 저도 내리지 않겠습니다. 현재 기술로 불가능하다고 해서 앞으로도 불가능할 것이라는 건 너무 섣부른 판단일 수 있으니까요.

# 뇌의 일부를 전자두뇌로
# 대체할 수 있을까?

앞서 말씀드린 것처럼 우리 뇌에 보조 기억장치를 집어 넣는 것은 생각보다 가까운 미래에 가능할 수도 있어 보입니다. 하지만 영화 〈공각기동대〉에서처럼 뇌의 일부를 전자두뇌로 대체하는 것은 현재 기술로 볼 때 거의 불가능에 가깝습니다. 그런데 어느 분야든 간에 슈퍼스타들이 한 명씩 있잖아요. 뇌공학 분야의 슈퍼스타를 한 명 꼽으라면 많은 사람들이 MIT의 에드워드 보이든<sup>Edward Boyden</sup> 교수를 꼽습니다.

보이든 교수가 뇌공학 분야에서 어느 정도의 영향력을 가지냐면요. 이 분이 '이건 안 되는 거야'라고 이야기하면 안 되는 거구요. 이 분이 '이건 꼭 해야 하는 분야야'라고 이야기하면 너나 할 것 없이 그 분야로 달려갑니다. 팬클럽을 몰고 다니는, 뇌공학계의 슈퍼스타 보이든 교수가 얼마 전 언론에 등장해서 이런 말을 했습니다.

"신경세포와 반도체 칩을 연결해서 새로운 지능을 만들어 내는 것이 다음 세기 뇌 연구의 주요 목표가 될 것이며, 언젠가 인간 뇌의 자연적인 신경 회로망과 반도체 회로망이 전기적, 광학적, 화학적으로 완벽하게 결합할 수 있을 것입니다."

저는 그의 말에서 가장 인상적이었던 부분이 바로 '광학적, 화학적'이라는 부분이었습니다. 뇌는 전기신호로만 정보를 주고받는 것이 아니라 다양한 신경전달물질과 호르몬의 상호작용에 의해 작동하는 기관입니다. 이뿐만 아니라 뇌는 빛이나 소리와 같은 다양한 외부 자극에 대해 반응하는 기관입니다. 그래서 우리 뇌가 전자두뇌와 연결이 되기 위해서는 전기적인 측면뿐만 아니라 화학적, 광학적인 측면도 함께 고려가 돼야 한다는 거죠.

그래도 일단 먼저 해결해야 하는 부분은 전기적인 결합입니다. 생물학적인 뇌와 전자두뇌를 연결하기 위해서는 두 가지 방식의 작동 원리가 유사해져야 합니다. 그런데 생물학적인 뇌는 이미 만들어져 있는 것이니까 전자두뇌를 최대한 생물학적인 뇌와 비슷하게 만들어야 할 겁니다. 앞서 이야기했던 '뉴로모픽 칩(우리말로는 '신경모방 칩')'이 그런 시도입니다.

우리 뇌에는 신경세포와 신경세포가 시냅스를 통해 연결돼 있고 둘 사이에 전기신호를 주고받으면서 정보처리가 일어납니다. 그런데 신경세포의 정보처리 과정에서 생성되는 데이터는 어떻게 저장이 되냐면요. 신경세포 사이에 있는 시냅스의 '연결 강도'라는 정보로 저장이 됩니다. 즉, 정보가 많이 지나가는 중요한 시냅스는 연결 강도를 높여서 정보가 더 잘 지나갈 수 있게 하고, 정보가 잘 지나가지 않는 시냅스는 연결 강도가 감소하다가 쓸모가 없어지면 연결이 없어지기도 합니다.

이런 과정을 모방해서 CPU와 CPU를 연결해서 정보를 주고받게 하고, 두 CPU 사이에 일종의 시냅스 역할을 하는 정보 저장장치를 집어넣어 데이터를 저장하게 할 수 있습니다. 이때 데이터를 저장하는 소자로는 멤리스터memristor가 주로 쓰이는데요. 멤리스터는 메모리memory와 레지스터resistor의 줄임말로 '기억하는 저항'이라는 뜻입니다.

우리가 가정에서 사용하는 컴퓨터는 폰 노이만$^{von}$ $^{Neumann}$ 방식의 컴퓨터 구조를 가졌다고 하는데요. 정보처리를 하는 CPU와 데이터를 저장하는 메모리가 별도의 공간에 떨어져 있습니다. 그래서 CPU에서 어떤 연산을 하기 위해서는 메모리에 저장된 정보를 읽어 오고 다시 연산 결과를 메모리로 보내서 저장해야 합니다. 이렇게 정보를 읽어 오고 보내는 과정에서 시간도 많이 소비되고 에너지 손실도 일어납니다.

그런데 뉴로모픽 칩은 정보처리가 일어나는 동시에 그 자리에서 정보가 저장되기 때문에 이런 손실이 전혀 생기지 않습니다. 그렇다 보니 에너지 소모도 적으면서 속도도 빨라지는 차세대 컴퓨터를 만들 수 있을 것으로 기대하고 있습니다. 전 세계의 IT 반도체 공룡들인 IBM, 인텔, 삼성전자가 막대한 돈을 투자해서 뉴로모픽 컴퓨터를 개발하고 있습니다. 인간의 신경계와 비슷한 원리로 작동하기 때문에 뉴로모픽 컴퓨터를 개발하면 자연스럽게 인간의 뇌와도 연결이 가능할 것으로 기대하는 사람도 많습니다.

그런가 하면 인간의 뇌를 모방한 컴퓨터를 만들려는 시도도 있습니다. 유럽연합$^{EU}$에서는 2012년부터 휴먼 브레인 프로젝트$^{The\ Human\ Brain\ Project}$라는 연구 과제에 연구비를 투자하고 있습니다. 유럽연합 산하의 다국적 연구팀에 10년간 10억 유로를 투입하는 대규모 프로젝트인데요. 이 프로젝트의 최종적인 목표는 '완벽하게 뇌를 이해함으로써 뇌와 유사한 컴퓨터를 개발하고, 나아가 뇌 질환 치료를 위한 새로운 방법을 개발'하겠다는 것입니다. 우리나라에서도 2015년부터 '엑소-브레인Exo-Brain'이라는 프로젝트를 시작했는데요. 이 프로젝트도 역시 인간 뇌를 모방하는 컴퓨터를 개발하는 것을 목표로 진행되고 있습니다.

이처럼 전 세계적으로 생물학적인 뇌와 유사한 전자두뇌를 만들려는 시도가 계속되고 있지만 이런 시도에 대해 비판적인 시각도 없지는 않습니다. 일단 우리가 아직 우리 뇌에 대해 완벽하게 이해하지 못하고 있기 때문에 우리 뇌를 이해하는 데 더 많은 연구비를 투자해야 한다고 주장하는 사람들이 많습니다.

예를 하나 들어 보겠습니다. 컴퓨터에서 구현되는 기본적인 논리 연산은 AND, OR, XOR이 있습니다. AND라는 연산은 두 개의 입력값이 모두 1일 때만 1의 값이 출력됩니다. 즉, 0 AND 0은 0, 0 AND 1은 0, 1 AND 0은 0, 그리고 1 AND 1은 1입니다. OR은 두 개의 입력 중에서 하나만 1이어도 1이 출력됩니다. 즉, 0 OR

0은 0, 0 OR 1은 1, 1 OR 0은 1, 그리고 1 OR 1은 당연히 1이 되지요.

XOR은 조금 복잡합니다. 쉽게 말해서 두 개 입력이 같으면 0이고 다르면 1이 출력됩니다. 즉, 0 XOR 0은 0, 0 XOR 1은 1, 1 XOR 0은 1, 마지막으로 1 XOR 1은 0이 출력됩니다. 다들 이해되시죠? 이런 연산들은 컴퓨터 내에서 정보처리를 할 때 가장 기본적으로 사용되는 논리 연산자들입니다. 수학에서 덧셈, 뺄셈, 곱셈과 마찬가지라고 생각하시면 됩니다.

그런데, 이러한 논리 연산자를 우리의 뇌신경망을 모방했다는 인공신경망Artificial Neural Network을 이용해서 구현하려고 하면, 딱 하나의 인공 뉴런으로 구현하는 것이 불가능합니다. 적어도 2개 이상의 층으로 이루어진 인공신경망을 설계해야만 구현이 가능하다고 알려져 있었습니다.

그런데 2019년 말 사람의 뇌에서는 뉴런 하나만으로도 XOR 연산이 가능하다는 연구결과가 발표됐습니다. 지금까지 우리는 인공신경망이나 심층신경망Deep Neural Network이 인간 뇌의 신경회로망을 모방했다고 이야기해 왔는데 알고 보니 전혀 사실이 아니었던 거죠. 과학자들은 이런 새로운 신경세포 모델을 이용하면 완전히 새로운 인공신경망을 만들 수 있을 것으로 기대하고 있습니다.

우리가 인간의 뇌에 대해 제대로 알고 있는 사실은 10%도 채 안 된다고 합니다. 이런 얕은 지식으로 무언가를 만들어 내려고 하지 말고 그 연구비를 인간의 뇌를 연구하는 데 쏟는 게 맞지 않느냐는 주장도 있는데요. 전혀 일리가 없는 말은 아닌 것 같습니다. 저는 개인적으로 우리 인간 뇌를 이해하려는 노력과 인간 뇌를 모방하는 장치나 알고리즘을 만드는 노력 모두가 중요하다고 생각합니다. 두 노력 모두가 결실을 거두게 된다면 언젠가는 영화 〈공각기동대〉에서처럼 전자두뇌를 장착한 사람들이 거리를 활보하는 날이 오게 될 지도 모릅니다.

# 마이크로칩을 이식해서
# 뇌 자극을 한다?

●

지금까지 소개했던 기술들보다 더 가까운 미래에 실현이
될 수 있을 것으로 기대되는 기술이 바로 뇌에 마이크로
칩을 이식해서 뇌를 자극하는 기술입니다. 뇌는 신경세포
의 전기적 활동에 의해 동작하는 기관입니다. 따라서 뇌
에 특정한 전기신호를 가하면 뇌 신경세포의 활동을 억
제할 수도 있고 반대로 활동성을 높일 수도 있습니다.

이런 성질을 이용해서 미국의 방위고등연구계획
국에서는 'DARPA 브레인 칩Brain Chip'이라는 마이크로칩
을 개발했습니다. DARPA에 따르면 이 마이크로칩은 외

상 후 스트레스 장애$^{Post Traumatic Stress Disorder, PTSD}$에 걸린 병사를 치료하기 위한 목적으로 개발됐다고 합니다.

PTSD라는 질환은 끔찍한 사고를 당한 뒤에 일상 생활 중에도 그 사고의 기억이 계속해서 떠올라서 정상 적인 일상생활을 하지 못하게 되는 심각한 정신질환의 일종입니다. 퇴역한 병사들은 전장에서 끔찍한 장면을 많이 목격했기 때문에 PTSD에 많이 걸립니다.

그런데 장기기억은 뇌의 전 부위에 퍼져서 저장이 되기 때문에 사람들마다 끔찍한 기억이 저장되는 부위가 다릅니다. 그래서 브레인 칩을 이식하기 위해서는 일단 문제가 되는 기억이 뇌의 어느 부위에 저장이 돼 있는지 부터 알아내야 합니다. 보통은 기능적 자기공명영상으로 대표되는 뇌기능 영상 기술을 이용하면 잊고 싶은 기억 이 저장된 부위를 알아낼 수 있습니다.

PTSD에 걸린 병사에게서 지우고 싶은 기억이 저 장된 부위를 알아내고 나면, 그 부위에 브레인 칩을 삽입 하는 수술을 합니다. 수술 부위가 아물고 난 뒤에 일상생 활을 하다가 문득 잊고 싶은 기억이 떠오르면요. 주머니 에 리모컨 같은 것을 하나 들고 다니다가 리모컨에 있는 버튼을 눌러줍니다. 그러면 브레인 칩에 전류가 흐르면서 칩 아랫부분에 있는 신경세포의 활성도를 낮춰버립니다.

그러면 기억이 잠시 동안 사라지게 되는 거죠. 이런 식으로 PTSD 환자의 기억을 조절할 수 있습니다. 2020년대 초에 최초로 이 브레인 칩을 이식받은 퇴역 병사가 탄생할 것으로 보입니다.

그런데 말입니다. 이 DARPA라고 하는 기관은 기본적으로 군사기술을 연구하는 기관입니다. 인명 살상용 드론이나 첨단 유도무기 같은 걸 개발하는 곳이죠. 그렇다 보니 많은 사람들이 DARPA의 연구에 의심의 눈초리를 거두지 못하고 있습니다.

SF영화 같은 이야기이긴 하지만요. 우리 뇌에는 편도체amygdala라는 부위가 있습니다. 이 부위는 두려움을 느끼게 해 주는 기관으로 잘 알려져 있는데요. 만약 DARPA가 몰래 편도체에 브레인 칩을 이식한 뒤, 전쟁터에 나가기 전 본부에서 브레인 칩의 스위치 버튼을 누른다면 어떤 일이 일어나게 될까요? 네, 두려움이 없는 병사를 만들 수 있겠죠.

이런 부작용의 우려가 있음에도 불구하고 기억능력 강화를 위한 브레인 칩이나 수학능력 강화를 위한 브레인 칩 같은 것을 만들어 내는 것이 이론적으로 가능하며, 실제로 동물을 대상으로 기초적인 실험을 한 연구소도 있습니다. 이런 기술이 대중화된다면 결국 두개골을 열고 머릿속에 마이크로칩을 삽입하는 사람들이 하나둘씩 생겨나게 될 지도 모릅니다.

지금까지 여러분들과 '전자두뇌를 만들 수 있을까'를 주제로 이야기를 나눠 보았는데요. 뇌공학 기술이 생각보다 많이 발전된 것에 대해 놀라신 분들도 계실 것이고 뇌공학 기술의 발전이 초래할 수 있는 여러 가지 부작용에 대해 걱정이 되는 분들도 계실 것이라고 생각합니다. 바로 여러분들에게 이런 생각을 갖게 하는 것이 이 강연의 가장 중요한 목적입니다. 여러분들이 이런 생각을 가지셨다면 성공한 강연이라고 생각합니다. 저처럼 뇌공학을 연구하는 사람뿐만 아니라 많은 분들이 뇌공학에 관심을 가지고, 이 기술이 잘못된 방향으로 발전하지 않도록 감시하고, 또 올바른 길로 이끌어주는 역할을 해 주셔야 합니다.

신체의 일부를 기계로
대체하는 것이 가능해졌을 때
신체적 빈부격차가 발생할까요?
그리고 그 해결방안은 무엇일까요?

2017년 3월 30일 김포고등학교

아주 좋은 질문입니다. '신체적 빈부격차'라고 표현했는데 적
절한 표현인 것 같습니다. 우리가 자동차나 텔레비전을 살 때
도 기능과 메이커에 따라 가격이 천차만별이잖아요. 우리 신
체의 일부를 기계 부품으로 대체하는 날이 온다면, 그리고 그
부품을 공급하는 기업이 여럿이고 각 제품별로 기능이나 가격
이 모두 다르다면 자동차나 텔레비전을 구입하는 것과 별반
다를 것이 없겠죠.

예를 들어 가장 최신의 전자의수인 '루크 암$^{LUKE Arm}$'
이라는 제품은 한쪽 팔의 가격만 15만 달러, 우리 돈으로 1억

8천만 원이나 합니다. 저소득층이나 개발도상국의 장애인들은 꿈도 꾸지 못할 어마어마한 액수죠. 그런가 하면 가난해서 전자의수를 사용하지 못하는 사람들을 위해 저렴한 전자의수를 개발해서 판매하는 '오픈 바이오닉스<sup>Open Bionics</sup>'라는 회사도 있습니다. 이 회사는 제작 단가를 절감하기 위해서 3D 프린터를 이용해서 의수를 제작하는데요. '히어로 암<sup>hero arm</sup>'이라는 이름의 전자의수 가격은 루크 암 가격의 20분의 1에도 미치지 않는 7천 달러, 우리 돈으로 약 840만 원밖에 나가지 않는다고 합니다.

물론 두 의수의 기능은 하늘과 땅 차이입니다. 루크 암은 손가락 하나하나의 정밀한 제어가 가능하고 손가락 끝에 압력 센서가 장착돼 있어서 계란도 깨지 않고 집어 올릴 수 있습니다. 반면에 히어로 암은 손목을 돌리고 손가락 전체를 쥐었다 펴는 정도의 기본적인 동작만 가능한 수준입니다. 히어로 암을 장착한 사람과는 악수를 할 때 조심해야 합니다. 아주 아플 수도 있으니까요.

그런데 의수 같은 경우에는 손동작의 정밀도가 일상생활에서의 편의성과는 관련이 있을지 몰라도 개인의 사회, 경제적 능력과 직접적으로 관련돼 있지는 않습니다. 하지만 우리가 만약 뇌에 특정한 기능을 향상시킬 수 있는 보조 인공 뇌를 이식한다고 가정한다면 이야기가 좀 달라집니다. 당장 이식하는 인공 뇌가 어느 회사 제품이냐에 따라 성능이 달라진다면, 그리고 그 인공 뇌의 성능 차이 때문에 업무에서의 능력 차이가 발생한다면 학생이 질문한 '신체적 빈부격차'가 사회적인 문제가 되겠죠.

뇌공학 기술이 발전하면 과연 어떤 일이 일어날까요? 여러분 '1만 시간의 법칙'이라고 혹시 들어봤나요? 말콤 글래드웰Malcolm Gladwell이라는 작가가 2008년 펴낸 책『아웃라이어』에서 처음 등장한 말인데요. 어떤 일이든지 간에 소위 '달인'이 되려면 최소 일만 시간은 투자하고 노력해야 한다는 뜻입니다.

그런데 우리의 노력 여하가 아닌, 머릿속에 어떤 회사의 칩을 삽입하느냐에 따라 우리의 능력이 결정된다면 어느 누가 시간과 노력을 들이려고 할까요? 공정한 경쟁에 의해 부를 쌓는 자본주의의 기본 근간이 흔들리지는 않을까요? 그리고 모두가 머릿속에 보조 인공 뇌를 삽입하고 초인적인 정신적 능력을 보유하게 된다면 그 세상이 과연 더 행복해질까요? 모두가 똑같은 능력을 갖고 있으니 어느 누구도 자신을 희생하면서 하기 싫은 일을 하려고 하지는 않을 테니까요.

이처럼 인위적으로 우리의 정신적인 능력을 향상시키려 한다면 예상치 못했던 심각한 문제들이 발생할 가능성이 있습니다. 우리가 이런 윤리적인 문제들을 미리 예측하고 가능한 시나리오에 대한 대비책을 마련하지 않는다면 가까운 미래에는 뉴스에서 '애플에서 출시하는 한정판 브레인 칩을 이식하기 위해 대리점 앞에 텐트를 치고 노숙하는 사람들의 행렬'을 보게 될지도 모릅니다.

간디나 마틴 루터 킹과 같이 훌륭한 이들의
뇌를 파일 형식으로 저장해서
사회에 새로운 문제들이 발생할 때마다
그들의 조언을 얻을 수 있을까요?

2019년 1월 25일, 서울영재교육원

아주 재미난 발상이네요. 아직은 뇌를 스캔해서 파일 형식으로 업로드하는 것은 불가능한 기술입니다. 하지만 정말 초보적인 형태의 '마인드 업로딩'은 시도가 되고 있는데요. 물론 복잡한 우리 인간의 뇌를 대상으로 하는 연구는 아닙니다. 예쁜꼬마선충<sup>c.elegans</sup>이라고 불리는 1밀리미터 길이의 작은 선충의 신경계를 컴퓨터에 업로드해서 컴퓨터 안에서 이 선충을 재현하려는 연구입니다.

예쁜꼬마선충은 수명이 고작 2~3주밖에 되지 않고 토양 속의 박테리아를 먹고 사는 극히 평범한 선형동물이지만 아주 예쁜 이름을 갖고 있죠. 이 선충은 배양이 쉽고 구조가 단순할 뿐만 아니라 몸체가 투명해서 관찰이 쉽기 때문에 유전공학, 노화의학, 해부학, 뇌과학 분야 연구에서 실험대상으로 많이 사용돼 왔습니다. 우리 인간이 이 선충에게서 받는 것은 많은데 해 줄 것이 없으니까 이름이라도 예쁘게 지어주자라고 해서 이처럼 예쁜 이름을 지어준 것 같습니다. 영어 학명도 정말 예쁘죠? 아주 '우아한$^{elegant}$' 이름입니다.

예쁜꼬마선충의 몸에는 딱 302개의 신경세포가 있습니다. 그리고 이 신경세포들을 연결하는 시냅스 연결의 수는 7,000개 정도입니다. 그런데 컴퓨터에 업로드하려는 1호 생명체로 예쁜꼬마선충이 선정된 데는 다 그럴 만한 이유가 있습니다. 예쁜꼬마선충은 지구상에 있는 다세포 생명체 중에서 유일하게 모든 신경세포 사이의 연결성 정보가 완벽하게 밝혀진 생명체이기 때문입니다.

이와 같은 신경세포 사이의 연결성 데이터를 '연결'을 뜻하는 영어 단어인 '커넥티비티$^{connectivity}$'와 '유전체'를 뜻하는 '게놈$^{genome}$'을 합쳐 '커넥톰$^{connectome}$'이라고 부르는데요. 예쁜꼬마선충은 완벽한 커넥톰이 밝혀진 유일한 생명체인 것입니다.

2011년, 미국의 컴퓨터공학자인 티모시 버스바이스 $^{Timothy\ Busbice}$와 신경과학자인 스티브 라르손$^{Stephen\ D.\ Larson}$

은 오픈웜OpenWorm 프로젝트라는 비영리 단체를 조직했습니다. 이 단체가 진행하는 동명의 프로젝트의 최종 목표는 예쁜꼬마선충의 커넥톰 정보를 활용해서 컴퓨터 안에서만 존재하는 '인공생명체'를 구현하는 것입니다.

티모시와 스티브는 자신들의 능력만으로는 목적을 달성하기 어렵다는 사실을 깨닫고는 연구에 필요한 모든 정보와 소프트웨어를 오픈웜 웹사이트(openworm.org)를 통해 전 세계에 공개했습니다. 이들이 가장 먼저 도전한 과제는 예쁜꼬마선충의 302개의 신경세포와 95개의 근육세포를 컴퓨터로 시뮬레이션해서 예쁜꼬마선충의 움직임을 완벽하게 구현하는 것이었습니다.

이들은 지난 수십 년간 예쁜꼬마선충을 대상으로 했던 다양한 실험에서 관찰된 행동 데이터를 수집하고 이 데이터를 이용해서 예쁜꼬마선충 신경망의 연결 강도를 알아냈습니다. 그러고는 특정한 조건에서의 예쁜꼬마선충의 움직임을 컴퓨터 시뮬레이션으로 완벽하게 재현하는 데 성공했습니다.

이게 어떤 의미를 가지냐면요. 우리가 갖고 있는 예쁜꼬마선충의 커넥톰, 즉 연결성 지도는 그냥 어떤 신경세포와 어떤 신경세포가 시냅스로 연결돼 있는지만 알려주는 지도입니다. 각각의 연결이 얼마나 강한지 혹은 약한지와 같은 정보는 알 수가 없는 거죠. 예를 들자면 복잡하게 얽혀 있는 도로

망 지도는 있지만 그 도로가 1차로인지 3차로인지 5차로인지와 같은 상세 정보는 없다는 이야기입니다. 그런데 만약 우리가 이런 연결성 강도 정보만 알아낼 수 있다면 컴퓨터 안에서 인공 생명체를 구현하는 것이 이론적으로 가능하다는 거죠. 물론 현재로서는 불과 302개의 신경세포와 7,000여 개의 시냅스를 가진 단순한 생명체를 컴퓨터에 업로드하는 것도 힘든 수준이다 보니 무려 860억 개의 신경세포와 100조 개에 달하는 시냅스로 구성된 인간의 뇌를 컴퓨터에 통째로 업로드한다는 것은 거의 불가능에 가깝습니다.

물론 영화 속에서는 가능한 일이죠. 2014년 개봉한 영화 〈트랜센던스Transcendence〉를 보면 죽음을 앞둔 주인공의 뇌를 슈퍼컴퓨터에 업로드하는 장면이 등장합니다. 비록 흥행에는 실패한 영화라고는 하나, '마인드 업로딩' 장면은 많은 고민 끝에 만들어진 것 같습니다. 영화에서는 주인공이 머리에 많은 전극을 부착하고 뇌파를 측정하면서 영어사전을 처음부터 끝까지 하나씩 읽어 나갑니다.

대체 '이게 무슨 설정이지?'라고 의아해 하시는 분들도 계시겠지만 영화 속의 슈퍼컴퓨터는 주인공의 뇌를 모방해서 만들어진 컴퓨터입니다. 예를 들어 주인공 뇌에 있는 100조 개의 시냅스 연결이 컴퓨터 안에 들어가 있는 거죠. 그런데 이 시냅스의 연결 강도에 대한 정보는 알 수가 없잖아요?

영화 〈트랜센던스〉에는 '마인드 업로딩' 장면이 세밀하게 묘사된다.

그래서 주인공이 영어사전을 앞에서부터 한 단어씩 읽어 나가는 겁니다. 우리가 눈으로 글자를 파악하고 그 뜻을 생각하면서 발음을 하는 일련의 과정 동안에 뇌에서 일어나는 현상을 뇌파를 이용해서 측정하면 시냅스의 연결 강도 정보를 알아낼 수 있을 것이라는 아이디어입니다. 만약 이 연결성 정보를 완벽하게 알아낼 수 있다면 예쁜꼬마선충의 사례에서처럼 주인공을 컴퓨터 안에서 구현할 수 있을 테니까요.

물론 이런 가정은 영화니까 가능한 것입니다. 실제로는 뇌파를 이용해 정밀한 뇌 활동을 읽어낼 수 없을 뿐만 아니라 언어를 이해하고 말을 하는 데 쓰이는 뇌 영역은 전체 대뇌 면적의 20%에도 미치지 못합니다. 하지만 먼 미래에 시냅스의 연결 강도를 쉽게 알아낼 수 있는 새로운 기술이 개발된다면 어떤 사람이 죽음을 맞이할 때, 그의 뇌를 끄집어내어 완벽한 커넥톰을 알아내고, 그 정보를 컴퓨터에 업로드함으로써 이후의 생을 컴퓨터 안에서 살아갈 수 있게 하는 것이 가능할 수도 있습니다.

그런데 이런 SF영화에서나 가능할 법한 아이디어를 사업모델로 삼아서 창업한 스타트업 기업이 있어서 화제입니다. 2018년, MIT 출신의 로버트 맥킨타이어$^{Robert McIntyre}$는 몇몇 동료들과 함께 '넥톰$^{Nectome}$'이라는 이름의 스타트업 회사를 설립했습니다.

이 회사는 죽은 사람의 뇌에 알데히드-안정화 냉동보관$^{Aldehyde-stabilized cryopreservation}$이라는 방법을 적용해서 시냅스를 비롯한 뇌 구조를 변형 없이 보존하는 기술을 보유하고 있습니다. 넥톰에 따르면 사체로부터 분리된 뇌는 영하 122도에서 보관되고 수백 년 동안 원래 상태를 유지할 수 있다고 합니다. 이 회사의 발표에 따르면 이미 한 여성의 뇌가 냉동 상태로 저장고에 보관돼 있고 2018년 현재 1만 달러의 계약금을 지불하고 사후에 자신의 뇌를 냉동보관하기로 약정한 사람의 수만 25명에 달한다고 합니다.

넥톰의 아이디어는 간단합니다. 언젠가 인간 뇌의 구조적, 기능적인 커넥톰을 분석할 수 있는 기술이 완성된다면 냉동 보존된 뇌로부터 그 사람의 모든 기억과 경험을 추출해 컴퓨터에 업로드 하겠다는 거죠. 물론 이미 여러 번 말씀드린 것처럼 현재의 기술 수준으로는 인간 뇌의 커넥톰을 컴퓨터에 저장하는 것조차도 버겁습니다. 단순 계산만으로도 커넥톰을 저장하는 데 무려 8테라바이트의 메모리가 필요하거든요.

하지만 불과 100년 전까지만 하더라도 인간이 지구를 벗어나 우주를 여행하는 것은 상상 속에서나 가능한 일이었음을 떠올린다면 앞으로 100년 뒤에는 우리의 마음을 컴퓨터에 업로드하는 것이 결코 허황된 꿈이 아닐지도 모릅니다. 미래는 누구도 알 수 없으니까요.

SF영화나 소설을 보면 주변 사람들이 사이보그가 돼서 정신적으로나 육체적으로 뛰어난 능력을 갖추게 되니 원치 않음에도 불구하고 사이보그가 될 수밖에 없는 사람들이 등장합니다.
생체공학이나 뇌공학 기술이 발달하면 이런 문제가 발생할 수밖에 없을 것 같은데요. 과연 어떤 미래가 펼쳐질까요?

2018년 9월 18일 책으로 따뜻한 세상을 만드는 교사 모임

네, 정말 중요한 질문을 주셨습니다. 제가 미래학자는 아니지만 나름대로 생체공학과 뇌공학의 발전이 가져오게 될 미래에 대해 많은 상상을 해 보고 있습니다. 질문하신 것처럼 인공 신체나 인공 뇌를 장착해서 정상적인 사람들보다 더욱 뛰어난 신체적, 정신적 능력을 갖게 된 인간을 '트랜스휴먼transhuman'이라고 부릅니다. 말씀하신 것처럼 비자발적인 트랜스휴먼 문

제는 미래에 반드시 생겨나게 될 것이라고 생각합니다.

영화 〈공각기동대〉에도 사이보그가 되기를 거부한 사람들이 등장하고 이런 사람들은 인간의 사이보그화, 즉 '인위적인 진화'를 반대합니다. 하지만 많은 직업군에서 트랜스휴먼이 보통 사람들의 능력을 뛰어 넘어 사회적이나 경제적으로 이득을 보게 된다면 어쩔 수 없이 트랜스휴먼의 길을 선택하는 사람들이 생겨날 겁니다.

그보다 더 심각한 문제는 특정 회사나 직군에서 트랜스휴먼만을 고용하거나 근로 계약 시 트랜스휴먼 시술을 의무화할 수도 있다는 것입니다. 특히 고도의 집중력과 반사신경을 요구하는 전투기 조종사 같은 직군에서는 집중력을 향상시키는 '브레인 칩' 시술을 의무화할 수 있겠죠. SF영화에서처럼 트랜스휴먼과 휴먼이 나눠지고 보통의 휴먼이 2등 시민처럼 취급받는 상황이 발생하게 될지도 모릅니다.

저는 트랜스휴먼 기술이 발달하면 3개의 계급이 생겨날 것이라고 생각합니다. 우선 가난한 자연인(트랜스휴먼 시술을 받지 않은 사람들)이 최하층 계급에 자리합니다. 이들은 트랜스휴먼 기술의 활용에서 낙오되어 트랜스휴먼과 인공지능 로봇의 '하인' 역할을 수행하게 될 것입니다. 그 위에는 트랜스휴먼 계급이 중산층을 형성할 겁니다. 트랜스휴먼 기술을 고용을 위한 스펙용, 계급 상승용으로 활용하고 인공지능 로봇과 경쟁을 벌이게 될 겁니다. 그렇다면 최상류층은 누가 차지할까요? 저는 트랜스휴먼 시대가 도래하기 전부터 막대한 부와 권력을 소유하고 있었던 부자 자연인들이 인공지능 기계와 트랜스휴먼, 하층 자연인을 '하인'으로 고용하고, 갖고 있던 부와 권력을 더욱 공고히 할 것이라고 생각합니다. 돈과 권력을 충분히 가진 자연인들이 굳이 트랜스휴먼 시술을 받을 필요가 없을 테니 말입니다. 이처럼 트랜스휴먼 기술은 새로운 사회 계층화와 소외화를 가속할 것으로 예상됩니다.

여러분들이 좋아하시는 영화 〈해리포터〉 시리즈를 보면 마법 빗자루를 타고 벌이는 '퀴디치Quidditch'라는 구기종목 스포츠 게임이 등장합니다. 해리는 맥고나걸 교수가 선물한 당대 최고의 빗자루 '님부스Nimbus 2000'을 타고 경기에 참가하는데요. 저는 영화 장면을 보면서 그런 생각을 했습니다. '퀴디치에 쓰이는 빗자루 표준이 없다면 최신 님부스 2000 빗자루를 타고 게임하는 사람이 너무 유리한 거 아니야?'라고 말입니다. 자신의 노력 여부와 관계없이 어떤 칩을 머릿속에 넣느냐에 따라 능력이 좌우된다면 과연 누가 훈련과 공부라는 것을 할까요?

당장 트랜스휴먼 기술의 결과로 대학 입시나 국가고시에서 기억능력을 향상한 사람과 그렇지 않은 사람들의 성적에서 격차가 발생한다면 많은 불만이 생겨나게 될 것입니다. 또한 트랜스휴먼 기술을 특정 국가에서만 독점하게 된다면 선진국과 후진국 사이의 빈부 격차가 심화되고 전 지구적으로 불공정이 확산될 것입니다. 양극화가 심화되면서 각종 분쟁이 발생할 가능성도 배제할 수 없습니다.

조금은 다른 이야기지만 트랜스휴먼 기술의 발전으로 인해 새로운 직업들이 생겨나게 될 겁니다. 우리 뇌에 이상이 생기면 신경과나 신경외과 의사의 진료와 치료를 받지만 우리 뇌에 이식한 전자두뇌에 이상이 생긴다면 어떻게 해야 할까요? 이런 문제를 해결해 주는 바이오닉 기술자가 의사 이상으로 각광받게 될 것입니다.

그런가 하면 계속해서 새로운 생체 칩이 출시될 때마다 스마트폰을 교체하듯이 새로운 칩으로 교체를 해야 할 텐데요. 이를 위해서 아주 손쉽게 칩을 교체할 수 있는 메모리 슬롯 같은 것을 머리에 뚫고 다닐지도 모릅니다. 한편 머릿속의 정보를 컴퓨터에 업로드하거나 컴퓨터의 정보를 머릿속에 다운로드 받는 과정에서 해커들이 개입할 가능성도 있습니다. 이미 '뉴로해킹neuro-hacking'이라는 용어가 만들어져 있을 정도로 미래에는 이것이 심각한 문제가 될 가능성이 있습니다. 여러분의 생각을 누군가가 열어본다면 아주 끔찍한 일이 되겠죠. 우리는 누구나 '생각할 자유'를 갖고 있으니까요.

그래서 우리는 이런 뇌공학 기술들이 바꾸게 될 미래

에 대해 항상 대비해야 하고 윤리적인 문제에 대해 고민을 거듭해야 합니다. 좋은 의도로 만든 뇌공학 기술이 인류의 행복을 위해 사용될 수 있도록 말이죠.

대한민국에서는 아직도 종종 출산의 고통과 군대 생활을 비교하는 분들이 계신데 이런 분들에게 서로의 기억과 감정, 고통까지도 공유할 수 있게 한다면 정말 재미있을 것 같다는 상상을 해 봤습니다. 이러한 일이 실제로 가능할까요?

2019년 5월 24일 문영여자고등학교

최근에 받은 질문 중에 제일 재미있는 질문이네요. 실제로 시각장애인의 고통을 경험해 보기 위해서 눈을 가리고 생활한다거나 루게릭병에 걸린 환자의 고통을 경험해 본다는 취지로 몸에 얼음물을 끼얹는 '아이스버킷 챌린지'와 같은 이벤트는 많이 하잖아요. 이처럼 다른 사람의 고통을 간접 경험해 봄으로써 그 사람의 고통에 대해 마음 깊은 곳에서부터 공감을 할 수 있게 되고 이해의 폭을 넓힐 수 있게 되겠죠.

군대나 출산은 남녀 역할에 대한 논쟁이 있을 때마다

빠지지 않고 등장하는 단골 소재인데요. 직접 경험해 보지 않은 사람들은 절대 이해할 수 없는, 그렇다고 해서 간접 경험을 해 보기도 쉽지 않은 경험입니다. 가상현실 기술을 활용할 수도 있겠지만 현재의 가상현실 기술은 그다지 사실적이지는 않죠. 다른 사람의 경험을 실제 자신의 경험인 것처럼 느껴지게 하려는 시도는 다양한 분야에서 연구되고 있습니다.

가상현실, 즉 VR이라는 개념은 1935년 미국의 SF작가인 스탠리 와인바움Stanley Weinbaum이 쓴 단편 소설, 「피그말리온의 안경Pygmalion's Spectacles」에서 처음 등장했습니다. 소설에서는 알버트 루드비히라는 교수가 개발한 고글을 착용하면 영상과 소리뿐만 아니라 맛, 향, 촉감까지 느낄 수 있다는 설정이 등장하는데요. 이런 개념은 현대 용어로 '사이버 물리 시스템Cyber Physical System'이라고 합니다. 사이버 물리 시스템은 전 세계 컴퓨터공학자들이 열심히 연구하고 있는 주제이지만 아직 갈 길이 멉니다. 2018년 개봉한 스티븐 스필버그 감독의 SF영화 〈레디 플레이어 원Ready Player One〉을 보면 게임 플레이어들이 장갑이나 특수복을 착용하고 마치 가상세계가 실제세계인 것처럼 느끼는 장면이 자주 등장합니다. 그런데 장갑이나 특수복을 착용하지 않고도 가상세계의 아바타가 느끼는 감각을 느낄 수 있게 하기 위해서 새로운 방법이 연구되고 있습니다. 바로 뇌를 직접 자극하는 방법인데요.

영화 〈레디 플레이어 원〉에 등장하는 증강 현실 장치

우리 뇌는 다양한 방법으로 자극이 가능하지만 그중에
서도 뇌의 깊은 영역을 정밀하게 자극할 수 있는 방법으로 '집
속 초음파'라고 하는 기술이 각광받고 있습니다. 초음파는 우
리가 들을 수 있는 최고 주파수인 2만 Hz보다 높은 주파수를
가진 음파인데요. 아시다시피 우리 신체 내부 장기를 들여다
보거나 태아를 관찰하는 데에도 많이 쓰이고 있죠.

이 초음파를 여러 위치에서 동시에 만들어 내면 아주
좁은 부위에 초음파를 집중시키는 것이 가능합니다. 머리 밖
에서 발생한 초음파를 잘 조절해서 손이나 발의 감각을 느끼
는 체성감각 부위로 집중시키면 손이나 발에 무언가가 닿는
듯한 느낌이 들게 할 수가 있습니다. 이 장치를 아주 정밀하게
조절할 수 있다면 가상현실에서 아바타가 느끼는 감각을 실제
로 우리가 느끼게 할 수도 있을 겁니다.

하지만 이와 같은 기술들은 아직 초보적인 단계에 있어서 다양한 형태의 감각을 전달하는 데 한계가 있습니다. 예를 들어서 우리가 손가락의 감각을 담당하는 뇌 영역을 알고 있고 그 부위에 집속 초음파를 전달할 수 있다고 하더라도 손가락을 지긋하게 누르는 느낌, 뜨겁거나 차가운 물체를 만질 때의 느낌, 뾰족한 것으로 찌르는 느낌, 거친 면을 손가락으로 문지를 때의 느낌과 같이 서로 다른 감각을 구분해서 느끼게 할 수는 없다는 거죠. 그리고 사람마다 감각을 담당하는 뇌 부위가 조금씩 다르기 때문에 개인별로 아주 정밀한 뇌 지도를 만든 뒤에야 이 기술이 사용될 수 있을 것입니다.

지금껏 나눈 내용에서처럼 우리가 머릿속에 마이크로칩을 하나씩 집어넣고 다닌다면 다른 사람의 경험을 공유하는 일이 좀 더 쉬워질지도 모르겠습니다. 영국의 저명한 저술가이자 서포크대학교의 교수인 피터 코크레인Peter Cochrane은 사람의 머릿속에 메모리칩을 삽입해서 그 사람의 모든 경험을 저장하겠다는 야심찬 계획을 추진하고 있습니다.

한 사람의 생활을 고스란히 기록하는 것을 '라이프 로깅life logging'이라고 부릅니다. '로그log'라는 용어는 주로 컴퓨터공학 분야에서 많이 쓰이는데요. 어떤 운영체제나 소프트웨어를 실행하는 동안에 발생한 여러 이벤트나 사용자 간의 메시지 등을 기록한 것을 의미합니다. 우리가 어떤 사이트에 접속하거나 빠져나오는 것을 '로그인$^{log in}$', '로그아웃$^{log out}$'이라고 부르는 것도 그 사이트 내에서의 활동, 즉 로그가 로그인하는 시점부터 로그아웃하는 시점까지 기록되기 때문입니다.

'로깅$^{logging}$'이라는 용어는 이벤트나 메시지 등을 기록하는 행위를 의미합니다. 이 정의에 따르면 코크레인 교수가 구현하고자 하는 것은 일종의 '브레인 로깅$^{brain logging}$' 시스템이라고 부를 수 있을 겁니다. 아직은 이런 장비가 개발되지 않아서 어떤 모습이 될지 확실치는 않지만 제가 상상력을 발휘해 본다면 아마도 안경 형태의 장치가 될 것 같습니다.

브레인 로깅 안경에는 당연히 전면 카메라가 부착돼서 사용자의 면전에서 일어나는 모든 일들이 저장되고요. 작은 마이크도 장착이 돼서 주변에서 들려오는 소리도 녹음이 될 겁니다. 요즘 '전자 코$^{electronic nose}$'라는 것이 개발되고 있는데요. 특정한 향을 검출하는 기계장치입니다. 그렇다면 향기도 저장하는 게 가능하겠네요.

특수 안경이 사용자의 주변 상황을 계속해서 기록하는 동안에 이 사람의 머릿속에서는 마이크로칩이 뇌의 활동을 기록하고 있습니다. 이때 가장 핵심적인 기술은 뇌의 전기적인 활동뿐만 아니라 신경전달물질의 변화나 호르몬의 변화와 같은 화학적인 변화를 검출해서 저장하는 것입니다.

도파민이라는 화학물질의 이름을 들어본 적이 있으신

가요? 신경세포의 흥분성을 전달하는 역할을 하는 신경전달물질<sup>neurotransmitter</sup>의 일종인데요. 흥분성 전달물질이기 때문에 사람의 기분을 좋아지게 하는 '행복 호르몬'이라고도 불립니다. 이 도파민이 적게 분비되면 우울증에 걸리게 되죠. 운동능력과도 관련이 있어서 도파민을 분비하는 세포가 손상되면 파킨슨병에 걸릴 수도 있습니다.

예를 들어 우리가 어떤 경험을 할 때 우리 뇌에서 분비되는 도파민의 변화를 측정해서 머릿속에 있는 마이크로 메모리 장치에 저장할 수 있다고 가정해 봅시다. 이런 브레인 로깅 데이터가 계속해서 쌓인다면 이 사람이 무엇을 바라볼 때 행복감을 느끼는지, 어떤 음식과 어떤 향을 좋아하는지와 같이 한 사람의 모든 것을 파악할 수 있을 겁니다. 이뿐만이 아닙니다. 사람들이 군대에서 훈련을 받거나 아이를 출산할 때의 생생한 장면과 함께 그 사람의 머릿속에서 일어난 감정 변화를 동시에 저장하는 것이 가능할 겁니다.

이제 어떤 사람의 뇌에서 분비되는 도파민, 세로토닌과 같은 호르몬의 변화와 똑같은 변화를 다른 사람의 뇌에서 유도할 수 있는 기술이 있다고 가정해 봅시다. 직접 화학물질을 주입할 수도 있을 것이고 머리 밖에서 초음파나 전자기장 자극을 통해서 간접적으로 호르몬 변화를 유도할 수도 있을 겁니다. 어찌 되었든 현 시점에는 없는 기술이니 일단 상상해 봅시다.

만약 이런 기술이 가능해진다면 한 단계 높은 수준의 가상현실을 경험할 수 있지 않을까요? 다른 사람이 어떤 경험을 하고 있던 당시의 생생한 시각, 청각, 후각 감각과 함께 그 사람이 느낀 감정까지도 그대로 전달이 될 테니까요. 정말 이런 기술이 가능해진다면 다른 사람들에 대해 좀 더 잘 이해할 수 있게 되고 따라서 불필요한 반목과 사회적인 갈등도 줄어들게 되지 않을까요?

그런데 말입니다. 과연 어느 누가 자신의 사생활을 완벽하게 노출시켜 가면서까지 자신의 라이프 로깅 데이터를 저장하고 공유하려고 할까요? 요즘 유명 연예인들의 일상을 엿보는 콘셉트의 방송 프로그램이 큰 인기를 끌고 있다지만 누군가가 나의 은밀한 일상까지도 들여다 볼 수 있다면 여러분은 행복할 것 같으신가요? 아마도 감옥에 갇혀 있는 기분이 들 겁니다. 누구나 자신만의 비밀과 사생활은 있기 마련이니까요. 이런 기술이 과연 우리 인류에게 꼭 필요한 기술인지에 대한 고민이 필요한 시점입니다.

## 뇌공학이 미래 교육을
## 어떻게 바꿔 놓을까요?

2020년 5월 12일 길포럼

앞에서도 언급을 했지만요. 일론 머스크가 설립한 '뉴럴링크'의 최종 목표는 바로 인간의 자연지능과 인공지능을 연결함으로써 초지능을 구현하는 것입니다. 일론 머스크는 자신들이 개발하고 있는 뇌-AI 인터페이스 기술을 이용하면 뇌에 특정 지식을 주입하는 것도 가능해질 것이라고 말합니다. 물론 가까운 미래에 가능하지는 않을 겁니다. 제가 강연에서 언급한 것처럼 일단은 암호와도 같은 우리 뇌의 디지털 언어, 즉 '신경 코드'를 해독해 내야 하니까요.

　우리 머릿속에 지식을 주입하는 것이 가능하다면 외국

어를 따로 학습할 필요 없이 신경신호 형태로 변환된 외국어 정보를 직접 뇌에 주입해 순식간에 언어를 익히는 것도 가능하겠죠. 앞서 여러 번 언급한 영화 〈매트릭스〉에는 주인공인 네오의 뒷통수에 기다란 바늘 형태의 전극을 꽂고 뇌에 주짓수 프로그램을 업로드하는 장면이 등장합니다. 업로드가 완료되자 네오는 곧바로 쿵푸의 고수가 되죠.

하지만 현실에서는 머스크의 계획을 아주 부정적으로 보는 사람이 많습니다. 예컨대, 『MIT 테크놀로지 리뷰MIT Technology Review』는 2017년 4월 22일자 기사에서 머스크의 계획을 신랄하게 비판했습니다. MIT 테크놀로지 리뷰의 의생명 분과 편집장 안토니오 레갈라도Antonio Regalado가 쓴 기사의 타이틀은 다음과 같습니다.

"일론 머스크가 뉴럴링크를 통해 텔레파시를 구현하겠다고 했습니다. 절대로 믿지 마세요." 기사의 부제는 더욱 원색적이었습니다. "몇 년 안에 텔레파시가 가능할 것이라는 억만장자의 말이 왜 잘못되었을까요?"

레갈라도는 뇌-기계 인터페이스 분야 연구자들의 인터뷰를 인용하면서 "생각을 읽어 내는 기술은 현재 수준을 고려할 때 수십 년 내에도 완성하기 어려울 뿐만 아니라 이 기술에 대해 언급하는 것은 대중들이 막연한 환상을 가지게 하므로 바람직하지 않다"는 의견을 제시했습니다.

하지만 일론 머스크는 대중의 비판 따위에는 관심이 없었습니다. 앞서도 살펴보았지만 2019년 7월 16일 뉴럴링크가 지난 2년간의 연구결과를 발표했던 자리에서는 역사상 가장 정밀한 신경신호 데이터를 얻을 수 있는 방법을 발표했죠. 그런데 사실 뉴럴링크 발표회에서 가장 많이 등장한 단어 중 하나가 무엇인지 아시나요? 바로 '추측<sup>speculation</sup>'이라는 단어입니다. 아직 우리는 우리 뇌를 완벽하게 이해하기 위해 얼마나 더 많은 노력을 기울여야 할지 알지 못합니다. 하지만 한 가지 분명한 사실은, 뉴럴링크의 연구를 통해 뇌 활동을 더욱 정밀하게 관찰할 수 있게 된다면 '뇌의 언어'를 이해하기 위한 단서를 발견할 수 있을지도 모른다는 점입니다. 그렇게 된다면 교실에서 '인간' 선생님의 가르침을 받으며 공부를 하는 장면은 아주 먼 과거의 전설 같은 이야기가 될지도 모릅니다. 뇌공학 기술이 바꿔 놓을 교실의 모습, 기대되지 않으신가요?

에필로그

강연을 다니면서 가장 많이 받는 질문은 "언제쯤이면 SF 영화에서처럼 인간 뇌의 일부를 전자두뇌로 대체할 수 있을까요?"라는 질문입니다. 영혼 없이 100년 뒤라고 대답할 수도 있겠고, 미래학자도 아닌 제가 어떻게 알겠느냐고 반문할 수도 있겠지만 언젠가부터 저는 20~30년 뒤에 그러한 세상이 오더라도 전혀 이상하지 않을 것 같다고 답변합니다.

　1903년 10월 9일, 뉴욕타임즈의 기사에는 다음과 같은 글귀가 실렸습니다.

"비행기를 만드는 일은 가능한 일일 것이다. 다만 수학자들과 기술자들이 백만 년 아니 천만 년 정도 계속적으로 열심히 일을 해야 할 것이다."

이 기사가 실리고 정확히 2개월 8일이 지난 1903년 12월 17일, 라이트 형제가 플라이어 호를 타고 하늘을 날았습니다. 우리의 미래는 우리의 생각보다 훨씬 가까운 곳에 있을지도 모릅니다.

제가 뇌공학 시리즈의 전편에서도 강조했지만 뇌공학 기술의 완성이 중요한 것이 아닙니다. 기술이 어떻게 인간에 이롭게 쓰이는가가 더 중요합니다. 2020년 8월 28일, 제가 설레는 마음으로 기다렸던 일론 머스크의 뉴럴링크 이벤트가 기사를 통해 국내에 알려지자 기사의 댓글로 우려의 목소리가 많이 올라왔습니다.

"건드리지 말아야 할 부분도 엄연히 존재하고 그 선만큼은 지켜야 한다고 생각합니다."

"미래지향적이고 건설적인 것은 좋으나 인간 존엄성, 생명윤리를 살펴보아야 할 것 같다."

"먼 훗날엔 사람들에게 칩을 넣어서 조종하겠네?"

"할 수 있어도 하지 않는 게 좋을 수 있다."

네, 모두 맞는 말씀입니다. 뇌공학 기술은 충분한 대중의 합의 아래에서 발전해야 한다고 생각합니다. 미래는 예단하기 어렵습니다. 예를 들어 인위적으로 정신적 능력을 강화할 수 있는 기술이 만들어졌다고 가정해 봅시다. 그러면 정신적으로 강화된 사람들과 일반 시민들 사이에 능력 향상의 격차가 발생하겠죠. 능력이 강화된 사람들은 연령과 성별에 구애받지 않고 언제, 어디서나 일할 수 있고 그렇지 않은 사람들을 지배하게 될 것입니다. 모두의 능력이 동등하게 향상되더라도 여전히 문제의 소지는 있습니다. 모든 인간의 능력이 평등해진다면 인간의 다양성이 저해되고 자본주의의 존립 기반도 위협을 받게 되지 않을까요?

그래서 저는 개인적으로 뇌공학 기술이 인위적인 진화를 위한 도구로 활용되는 것에는 반대합니다. 뇌공학 기술은 인간의 뇌에 발생하는 질환을 치료하고 뇌기능을 회복하기 위한 '인도적'이고 '평화적'인 수단으로 활용돼야 할 것입니다.

이를 위해서라도 더 많은 분들이 인공지능과 뇌공학이 바꿀지도 모르는 인류의 미래에 관심을 가지고 토론과 적극적으로 의견을 개진해 주셔야 한다고 생각합니다. 이 책이 그 작은 시작이 되기를 바라며, 저는 또 다른 강연장에서 새로운 내용으로 여러분을 찾아뵙겠습니다.

2020년 겨울,
서울 강남구의 한 카페에서
뇌공학자 임창환

닐스 비르바우머, 외르크 치틀라우. (2015). 뇌는 탄력적이다. 메디치미디어.

임창환. (2015). 뇌를 바꾼 공학 공학을 바꾼 뇌. MID 출판사.

임창환. (2017). 바이오닉맨. MID 출판사.

Birbaumer, N., Elbert, T., Canavan, A. G. & Rockstroh, B. (1990). Slow potentials of the cerebral cortex and behavior. Physiological reviews, 70(1), 1-41.

Birbaumer, N., Kubler, A., Ghanayim, N., Hinterberger, T., Perelmouter, J., Kaiser, J., ... & Flor, H. (2000). The thought translation device (TTD) for completely paralyzed patients. IEEE Transactions on rehabilitation Engineering, 8(2), 190-193.

Birbaumer, N., Lang, P. J., Cook, E., Elbert, T.,

Lutzenberger, W. & Rockstroh, B. (1988). Slow brain potentials, imagery and hemispheric differences. International journal of neuroscience, 39(1-2), 101-116.

Birbaumer, N., Roberts, L. E., Lutzenberger, W., Rockstroh, B. & Elbert, T. (1992). Area-specific self-regulation of slow cortical potentials on the sagittal midline and its effects on behavior. Electroencephalography and Clinical Neurophysiology/Evoked Potentials Section, 84(4), 353-361.

Busbice, T. (2014, June 6). CElegans Neurorobo tics. Retrieved from https://www.youtube.com/watch?time_continue=11&v=YWQnzylhgHc

Chang, W. D., Cha, H. S., Kim, S. H. & Im, C. H. (2017). Development of an electrooculogram-based eye-computer interface for communication of individuals with amyotrophic lateral sclerosis. Journal of neuroengineering and rehabilitation, 14(1), 89.

Chaudhary, U., Xia, B., Silvoni, S., Cohen, L. G. & Birbaumer, N. (2017). Brain–computer interface–based communication in the completely locked-in state. PLoS biology, 15(1), e1002593.

De Massari, D., Ruf, C. A., Furdea, A., Matuz, T., Van Der Heiden, L., Halder, S., ... & Birbaumer, N. (2013). Brain communication in the locked-in state. Brain, 136(6), 1989-2000.

Han, C. H., Kim, Y. W., Kim, S. H., Nenadic, Z. & Im, C. H. (2019). Electroencephalography-based endogenous brain–computer interface for online communication with a completely locked-in patient. Journal of neuroengineering and rehabilitation, 16(1), 18.

Herculano-Houzel, S. (2009). The human brain in numbers: a linearly scaled-up primate brain. Frontiers in Human Neuroscience, 3, 31.

Kell, A. J. E., Yamins, D. L. K., Shook, E. N., Norman-Haignere, S. V. & McDermott, J. H. (2018) A Task-Optimized Neural Network Replicates Human Auditory Behavior, Predicts Brain Responses, and Reveals a Cortical Processing Hierarchy. Neuron, 98(3), 630-644.

Lee, K. R., Chang, W. D., Kim, S. & Im, C. H. (2016). Real-time "eye-writing" recognition using electrooculogram. IEEE Transactions on Neural Systems and Rehabilitation Engineering, 25(1), 37-48.

Marchesotti, S., Nicolle, J., Merlet, I., Arnal, L.H., Donoghue, J.P. & Giraud, A.-L. (2020) Selective enhancement of low-gamma activity by tACS improves phonemic processing and reading accuracy in dyslexia. PLoS Biology. 18(9), e3000833.

McIntyre, R. L. & Fahy, G. M. (2015). Aldehyde-stabilized cryopreservation. Cryobiology, 71(3), 448-458.

Mechelli, A., Crinion, JT., Noppeney, U., O'Doherty,

참고문헌

J., Ashburner, J., Frackowiak, RS., & Price, CJ. (2004). Structural plasticity in the bilingual brain. Nature. 431, 757.

Musk, E. (2019). An integrated brain-machine interface platform with thousands of channels. Journal of medical Internet research, 21(10), e16194.

Nielsen, J. A., Zielinski, B. A., Ferguson, M. A., Lainhart, J. E. & Anderson, J. S. (2013). An evaluation of the left-brain vs. right-brain hypothesis with resting state functional connectivity magnetic resonance imaging. PloS one, 8(8), e71275.

Price, T., Wadewitz, P., Cheney, D., Seyfarth, R., Hammerschmidt, K. & Fischer, J. (2015) Vervets revisited: A quantitative analysis of alarm call structure and context specificity. Scientific Reports, 5, 13220.

Sorrells, S., Paredes, M., Cebrian-Silla, A. et al. (2018) Human hippocampal neurogenesis drops sharply in children to undetectable levels in adults. Nature. 555, 377–381.

Spalding, K. L., Bergmann, O., Alkass, K., Bernard, S., Salehpour, M., Huttner, H. B., et al. (2013) Dynamics of hippocampal neurogenesis in adult humans. Cell. 153, 1219–1227.

Stanley, G. B., Li, F. F. & Dan, Y. (1999). Reconstruction of natural scenes from ensemble responses in the lateral geniculate nucleus. Journal of Neuroscience, 19(18), 8036-8042.

Strittmattera, A., Sundeb, U., & Zegners, Z. (2020) Life cycle patterns of cognitive performance over the long run. Proceedings of the National Academy of Sciences of the United States of America, DOI: 10.1073/ pnas.2006653117.

Thomas, K. R., Bangen, K. J., Weigand, A. J., Edmonds, E. C., Wong, C. G., Cooper, S., ... & Alzheimer's Disease Neuroimaging Initiative. (2020). Objective subtle cognitive difficulties predict future amyloid accumulation and neur odegeneration. Neurology, 94(4), e397-e406.

Tripp, B. & Eliasmith, C. (2007). Neural populations can induce reliable postsynaptic currents without observable spike rate changes or precise spike timing. Cerebral Cortex, 17(8), 1830-1840.

Vidal, J. J. (1973). Toward direct brain-computer communication. Annual review of Biophysics and Bioengineering, 2(1), 157-180.

Vidal, J. J. (1977). Real-time detection of brain events in EEG. Proceedings of the IEEE, 65(5), 633-641.

Wolpaw, J. R., Birbaumer, N., McFarland, D. J., Pfurtscheller, G. & Vaughan, T. M. (2002). Brain—computer interfaces for communication and control. Clinical neurophysiology, 113(6), 767-791.

Wolpaw, J. R., McFarland, D. J., Neat, G. W. & Forneris, C. A. (1991). An EEG-based brain-computer interface for cursor control. Electroencephalography and clinical neurophysiology, 78(3), 252-259.

Wüstenhagen, C. (2011, April 5). Erforscher des Bösen. ZEIT Online

**브레인 3.0**
**뇌공학자가 그리는 뇌의 미래**

초판 1쇄 인쇄   2020년 12월 10일
초판 2쇄 발행   2023년 10월 13일


지은이   임창환
펴낸곳   (주)엠아이디미디어
펴낸이   최종현
기  획   최종현 이휘주
편  집   이휘주
교  정   김한나
디자인   섬세한 곰


주  소   서울특별시 마포구 신촌로 162, 1202호
전  화   (02) 704-3448        팩  스   (02) 6351-3448
이메일   mid@bookmid.com      홈페이지   www.bookmid.com
등  록   제2011 - 000250호

ISBN 979-11-90116-33-6 (03400)